SCIENCE

我与科学有个约会
QINGSHAONIAN AI KEXUE
李慕南　姜忠喆◎主编 〉〉〉〉

UOYU KEXUE YOUGE YUEHUI

及科学知识，拓宽阅读视野，激发探索精神，培养科学热情。

自然界的鬼斧神工

大量精美插图，为你展现

探索发现之旅是多么有趣；

U0742216

吉林出版集团
北方妇女儿童出版社

图书在版编目(CIP)数据

自然界的鬼斧神工 / 李慕南,姜忠喆主编. —长春
: 北方妇女儿童出版社,2012.5 (2021.4重印)
(青少年爱科学. 我与科学有个约会)
ISBN 978－7－5385－6309－2

Ⅰ.①自… Ⅱ.①李… ②姜… Ⅲ.①自然地理－世
界－青年读物②自然地理－世界－少年读物 Ⅳ.
①P941－49

中国版本图书馆 CIP 数据核字(2012)第 061663 号

自然界的鬼斧神工

出 版 人 李文学
主   编 李慕南 姜忠喆
责任编辑 赵 凯
装帧设计 王 萍
出版发行 北方妇女儿童出版社
地   址 长春市人民大街 4646 号 邮编 130021
          电话 0431－85662027
印   刷 北京海德伟业印务有限公司
开   本 690mm × 960mm 1/16
印   张 12
字   数 198 千字
版   次 2012 年 5 月第 1 版
印   次 2021 年 4 月第 2 次印刷
书   号 ISBN 978－7－5385－6309－2
定   价 27.80 元

前　　言

科学是人类进步的第一推动力,而科学知识的普及则是实现这一推动力的必由之路。在新的时代,社会的进步、科技的发展、人们生活水平的不断提高,为我们青少年的科普教育提供了新的契机。抓住这个契机,大力普及科学知识,传播科学精神,提高青少年的科学素质,是我们全社会的重要课题。

一、丛书宗旨

普及科学知识,拓宽阅读视野,激发探索精神,培养科学热情。

科学教育,是提高青少年素质的重要因素,是现代教育的核心,这不仅能使青少年获得生活和未来所需的知识与技能,更重要的是能使青少年获得科学思想、科学精神、科学态度及科学方法的熏陶和培养。

科学教育,让广大青少年树立这样一个牢固的信念:科学总是在寻求、发现和了解世界的新现象,研究和掌握新规律,它是创造性的,它又是在不懈地追求真理,需要我们不断地努力奋斗。

在新的世纪,随着高科技领域新技术的不断发展,为我们的科普教育提供了一个广阔的天地。纵观人类文明史的发展,科学技术的每一次重大突破,都会引起生产力的深刻变革和人类社会的巨大进步。随着科学技术日益渗透于经济发展和社会生活的各个领域,成为推动现代社会发展的最活跃因素,并且成为现代社会进步的决定性力量。发达国家经济的增长点、现代化的战争、通讯传媒事业的日益发达,处处都体现出高科技的威力,同时也迅速地改变着人们的传统观念,使得人们对于科学知识充满了强烈渴求。

基于以上原因,我们组织编写了这套《青少年爱科学》。

《青少年爱科学》从不同视角,多侧面、多层次、全方位地介绍了科普各领域的基础知识,具有很强的系统性、知识性,能够启迪思考,增加知识和开阔视野,激发青少年读者关心世界和热爱科学,培养青少年的探索和创新精神,让青少年读者不仅能够看到科学研究的轨迹与前沿,更能激发青少年读者的科学热情。

二、本辑综述

《青少年爱科学》拟定分为多辑陆续分批推出,此为第一辑《我与科学有个约会》，以"约会科学，认识科学"为立足点，共分为 10 册，分别为：

1.《仰望宇宙》
2.《动物王国的世界冠军》
3.《匪夷所思的植物》
4.《最伟大的技术发明》
5.《科技改变生活》
6.《蔚蓝世界》
7.《太空碰碰车》
8.《神奇的生物》
9.《自然界的鬼斧神工》
10.《多彩世界万花筒》

三、本书简介

本册《自然界的鬼斧神工》为了使广大青少年朋友开阔视野，增长见识，我们采撷了世界上极具风采的奇美胜景集结成书，展示了最能体现大自然造化神工的地质地貌奇观。在人类赖以生存的地球上，自然界亿万年的沧海桑田造就了无数令人震撼的自然奇观，它们在大自然浩瀚无际的舞台上演绎着地球不老的传奇。其内容涵盖全球，从大洋洲的波浪岩到非洲的奥卡万戈三角洲；从终年积雪的瓦特纳冰川到流沿着滚滚熔岩流的埃特纳火山；从高耸云天的珠穆朗玛峰到深沟万壑的科罗拉多大峡谷；从南太平洋宁谧浪漫的博拉－博拉岛到原始神秘的亚马孙河；从"不毛之地"撒哈拉到沙泉共生的天下奇观鸣沙山……数十幅富有冲击力的精美图片将罕见的旷世胜景展现在您的眼前，简洁凝练的文字为您阐释奇观的地理背景和自然成因。阅读本书，可使您足不出户就能观赏全世界的神奇景观，了解各种地貌的成因，领略大自然的无穷魅力。

本套丛书将科学与知识结合起来，大到天文地理，小到生活琐事，都能告诉我们一个科学的道理，具有很强的可读性、启发性和知识性，是我们广大读者了解科技、增长知识、开阔视野、提高素质、激发探索和启迪智慧的良好科普读物，也是各级图书馆珍藏的最佳版本。

本丛书编纂出版，得到许多领导同志和前辈的关怀支持。同时，我们在编写过程中还程度不同地参阅吸收了有关方面提供的资料。在此，谨向所有关心和支持本书出版的领导、同志一并表示谢意。

由于时间短、经验少，本书在编写等方面可能有不足和错误，衷心希望各界读者批评指正。

本书编委会
2012 年 4 月

目 录

一、神奇的山与石

二、神奇的河与湖

三、神奇的谷与岛

四、神奇的水与火

五、神奇的树与草

一、神奇的山与石

世界屋脊与地球之巅

我国西南部有一片高隆广阔的高原，这就是举世闻名的青藏高原。青藏高原主要包括西藏自治区、青海省大部、四川省西部、甘肃和新疆的少部，面积230万平方千米，平均海拔达到4500米。它比世界上最高的大陆南极洲（平均海拔2300米）还要高出2200米，比世界上最低的大陆欧洲（平均海拔340米），则要高出4160米。因此人们称它为"世界屋脊"。

青藏高原不仅是"世界屋脊"，而且是世界上最年轻的高原。科学家根据在青藏高原发掘到的大量恐龙化石、三趾马化石、海相化石和陆相植物化石，证明它在2.3亿年前还是一片汪洋大海，跟太平洋、大西洋相通。后来，地

青藏高原被称为"世界屋脊"，平均海拔达到4500米，它是地壳发生强烈运动、印巴板块和亚欧板块相互碰撞的结果。

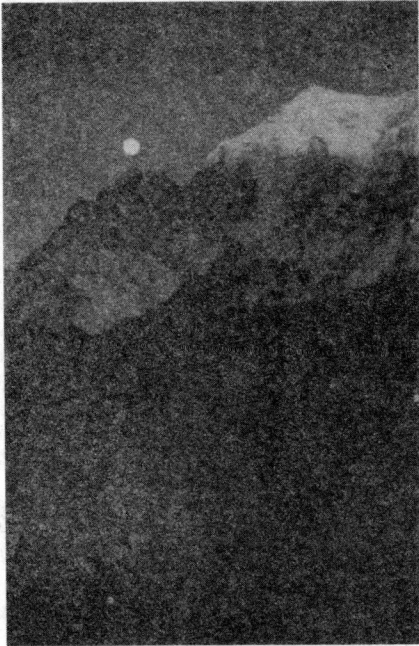

青藏高原不仅日照时间长，而且空气极为洁净透明。图为月光下的群山之巅——珠穆朗玛峰。

壳发生强烈的运动，印巴板块和亚欧板块互相碰撞，形成了今天这个雄踞世界之巅的大高原。这次造山运动在地质史上被称为"喜马拉雅运动"，它是最新的造山运动，距今不过两三千万年。据科学测量，目前青藏高原仍在继续升高。

青藏高原由于地势高，面积广，从太阳那里获得的光资源特别多。高原上大多数地区晴天的日照时数在 12 小时左右，全年日照时数在 2500 小时以上。其中拉萨全年日照时数长达 3000 多小时，因此有"日光城"的美誉。

在青藏高原上，横亘着一系列山脉，其中最为雄伟的是喜马拉雅山脉。喜马拉雅山全长 2500 千米，大部分在中国境内，地跨巴基斯坦、印度、尼泊尔、锡金、不丹等国，平均海拔 6000 米。全世界海拔 8000 米以上的高峰只有 14 座，其中 10 座在喜马拉雅山。

"喜马拉雅"是梵语，意思是雪的故乡。它像巨大的屏风，阻挡着大山南北季风的正常流通，在山南山北形成了千差万别的气候。山南暖热湿润，山北低温干旱。山东南每年的降水量相当于山西北的 10 多倍。由于低温干燥，这里的粮食不霉烂，不生虫，存放多年依然保持着新鲜的色泽和气味。西藏农科所对在简易贮藏条件下保存了 20 多年的小麦种子进行发芽实验，结果 70% 都发了芽。

喜马拉雅山区有许多热水湖、热水沼泽、热泉、沸泉、汽泉，还有世界罕见的水热爆炸。水热爆炸时响声震天，巨大的黑烟柱直冲天空，把几十千克重的石块抛向四面八方，形成直径 20 多米的圆形爆炸坑，坑里沸水滚滚。

虽然天寒地冻，但喜马拉雅山并不是生命的荒漠。在海拔五六千米的地

喜马拉雅山是在最近数百万年内，因地壳板块碰撞形成的。图为日落时的珠穆朗玛峰。

方仍长有雪莲花和龙胆花这样的耐寒植物。而动物就更多了，大的如野鼠、雪鸡、岩羊，小的如甲虫、蜂、蛾，等等。

喜马拉雅山的最高峰 8848.13 米高的珠穆朗玛峰，也是世界上最高的地方，有"地球之巅"的美称。关于珠穆朗玛峰，在我国藏族人民中流传着一个神话：青藏高原上有五个女神姐妹，她们分别居住在五个山峰上，其中住在最高峰上的是三姐珠穆朗玛，因而这座山峰就叫珠穆朗玛峰。

珠穆朗玛峰的顶峰长 10 多米，宽约 1 米，在这里时常可以看到一种独特的自然景

科研人员在青藏高原进行科学考察

1987 年 5 月 5 日，中国、日本、尼泊尔三国联合登山队，从珠穆朗玛峰的南北两侧登上了顶峰，胜利会师于"世界之巅"。图为中方队员仕青平措和大次仁登在珠峰上展开一面五星红旗。

观——旗云。所谓旗云，就是旗帜模样的云彩，它的形状随天气而变化，能反映高空气流的运动情况，被称为"世界最高的风向标"。有经验的登山运动员可以根据旗云的形状预测未来的天气。

作为与南极、北极并列的地球第三极，珠穆朗玛峰是许多登山者心中的"圣地"。1960 年 5 月 25 日，我国运动员贡布（藏族）、王富洲、屈银华首次从东北山脊登上珠穆朗玛峰，征服了"地球之巅"。

喀斯特奇观

在南斯拉夫和意大利交界处的狄纳尔里克山西北部的喀斯特高原，有一片面积很大的石灰岩地区，发育着各种因溶蚀和侵蚀作用而形成的奇特的地形，人们一般称这种地形为喀斯特地貌。

我国西南部的云南、贵州和广西一带，是世界上最大的岩溶分布区。拿广西来说，全省的岩溶面积占该省总面积的60%以上，约12万平方千米。云南、贵州的岩溶面积，也各占两省面积的一半。这些地区的岩溶是典型的喀斯特地貌。这些岩溶物质——石灰质碳酸盐（石灰岩），是2亿多年前（古生代二叠纪）的海底沉积物，厚3000～6000米。随着造陆运动的兴起，巨厚的沉积物变为石灰岩陆壳。石灰岩是一种可溶性岩石，在含有二氧化碳的水中最易溶解。我国西南地区地处热带和亚热带，气候温暖湿润，植物茂密，极易生成二氧化碳。含二氧化碳的水溶液，像一位雕塑家，又像一位美容师，随着时间的推移，把石灰岩塑造、打扮成繁花似锦、千姿百态的岩溶地形，如溶沟、石芽、石林、石峰、石丘、落水洞（地表水流入地下河的主要通道，或溶洞向上的开口）、洞斗（漏斗形成碟状的封闭洼地）、溶洞，等等。

溶岩洞中倒挂的钟乳石，犹如垂杨柳，奇妙的造型使人仿佛置身世外桃源。

桂林山水是典型的喀斯特地貌

卡巴多西亚的奇岩，很像迪斯尼乐园中的小房子。

溶洞是岩溶地形百花园中一朵绚丽之花。它是地下水沿可溶岩层的各种构造面（层面、节理面、断层面等）进行溶蚀及冲蚀而形成的地下洞穴。相互连通的一系列洞穴代表着洞穴发育的地下水系。溶洞的形态多种多样，不少溶洞系统延伸很长，可达几十千米至几百千米，如美国肯塔基州的猛犸洞长达240千米。有的洞穴面积很大，如马来西亚的沙捞越厅，面积162 700平方米，是迄今发现的最大的岩溶厅室。一些溶洞常汇集丰富的地下水而成为地下暗河或暗湖。一些溶洞中常有丰富多样的洞穴沉积物，如石笋、钟乳石、石幔等，构成绚丽多彩的地下世界。广西桂林七星岩溶洞雄

在土耳其安纳托利亚高原东南部的卡巴多西亚，有数以千计的奇岩连接在一起。这是石灰岩经过长期演化而形成的不可思议的自然景观。

伟深邃，玉雪晶莹，最宽处达 43 米，最高处有 27 米，洞里常年温度在 20℃左右，长约 800 余米。洞内景物丰富，有石索悬锦鲤、大象卷鼻、狮子戏球、仙人晒网、海水浴金山、南天门、银河鹊桥、女娲殿等，奇幻多姿，琳琅满目，十分壮丽。该洞能同时容纳万余人。

喀斯特洞穴还与人类的发展史密切相关。喀斯特洞穴是史前原始人栖息的最佳场所。周口店北京猿人、湖北长阳人、广西来宾麒麟山人、广西柳江人和广东韶关马坝人的遗址，都是在溶洞中发现的。洞穴中的古生物化石、早期人类生活遗迹和岩画，对于研究人类的起源和发展、人类文化艺术的产生和早期发展，都具有重要科学价值。

美国布赖斯峡谷岩层经风化后被刻蚀成奇形怪石。图为一棵大树从石穴中伸向光亮处。

在我国贵州省荔波县，还有一片地球上绝无仅有的喀斯特森林。荔波处于北纬25°位置上，在地球的这条"腰带"上，从阿拉伯半岛到撒哈拉沙漠，从墨西哥城到美国西南部，都已经或正在沦为沙漠。同纬度带的喀斯特地貌已是乱石嵯峨，草木难生。石漠化和半石漠化已成了喀斯特地貌的普遍景观，森林的踪迹难以寻觅。惟独荔波却依然翠绿葱茏，方圆 2 万多公顷的喀斯特森林成为地球"腰带"上一块耀眼的绿宝石。

野猪林是当地保存完好的喀斯特谷地原生森林，那里有一种奇异的景象——几乎所有乔木都朝着谷地的深切沟壑部位倾斜，左侧的向右侧倾斜，右侧的向左侧倾斜，彼此的树梢交织，形成了一个天然的蜿蜒曲折且密不透光的绿色甬道。更奇异的是，这绿色甬道中的树木身上，几乎都生长着各种各样的寄生的植物，它们中有的具有非凡的攀缘功夫，有的具有天生的缠绕

石灰岩长期受侵蚀而形成了巨大的石柱，其结构变化多端。图为美国犹他州南部的布赖斯峡谷公园。

本领，有的则具有神奇的爬行才能。形状各异的藤蔓竟能垂直攀上 20～30 米高的树桠又垂直回到地面，有的则将一株株乔木由下向上螺旋形地缠绕得严严实实。形形色色的蕨类和苔藓植物，或附着在林木的躯干上，或匍匐在树枝桠杈上。所有的植物都生长得那么繁茂，以至于几乎所有的乔木都难以见到其躯体的真实面目。即使是植物学家在瞬间也难辨其究竟是什么树种。在绿色甬道的深处，有明溪，有暗泉，清洌的山泉滋养着绿色的生命。

水上森林，也是当地的独特景观。它长约 500 米，宽 3～6 米，呈缓缓的倾斜姿态。响水河上游卧龙河的水流到这里，骤然腾跃起来，编织出一道 500 米长的白瀑，而在这白瀑中的岩石上偏偏又生长着密密匝匝的岩溶森林。那些原本是生长在旱地上的常青树，现在却将它们那裸露的根系，盘裹缠绕，牢牢地抓住水流中的石块，稳稳地立定了脚跟，在急流波涛的冲击下，照样生长得枝繁叶茂，郁郁葱葱。

令人惊叹的天然建筑

神奇的大自然，仿佛一个鬼斧神工的巧匠，以它那无与伦比的创造力，为世界增添了无数自然奇观，每每令人惊叹不已。

在南美洲智利的安托法加斯塔海岸边，有一个世界闻名的"太平洋之门"，它是一个80多米高的天然巨石，中间贯通着一个大圆拱，形状很像一个拱形的大门。"太平洋之门"的基部和两侧的门柱是火山岩，顶部横梁是渗透了石灰质的砂岩，都非常结实，因此汹涌的海浪虽然日夜拍击，使门洞不断扩大，但短期内却无法将它摧毁。

在世界上很多地方还有许多天然桥和天然拱，其中最大的一座天然桥在我国贵州省黎平县。该桥桥身长850米，最宽处138米，最窄处98米；桥拱

美国犹他州的"彩虹桥"是世界上最著名的天然桥，壮丽地横跨在科罗拉多河上。

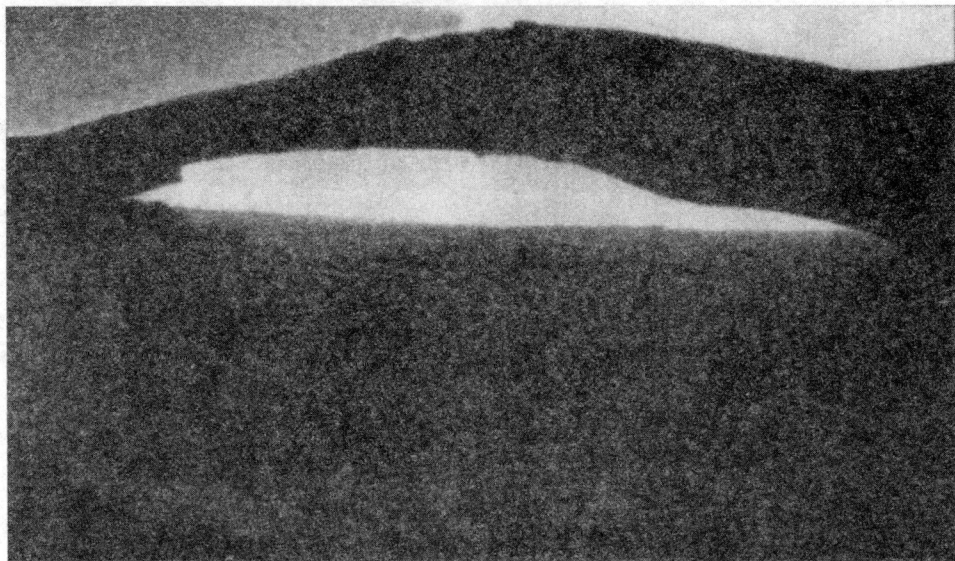

美国犹他州的天然拱国家公园是世界最大的天然拱集中地。图为兰特斯开普拱的雄姿。它长 88.7 米，高 30.5 米。

跨度最大处 118.92 米，最小处 88.5 米；桥体深进水面 38.8 米，高出水面 33.64 米；桥顶上是 40 米厚的岩石，桥墩一侧呈多孔溶洞排列。

美国西部的科罗拉多高原是世界上天然桥和天然拱最多的地方。在犹他州和亚利桑那州交界处的科罗拉多河的支流上，有一座非常著名的天然桥"彩虹桥"。它的跨度为 84.7 米，最高处距水面 94.2 米，桥顶处厚 13 米，宽 6.7～10 米。桥身由橙红色的砂岩构成，外观酷似雨过天晴后天上出现的美丽的彩虹，"彩虹桥"之称便因此而得名。

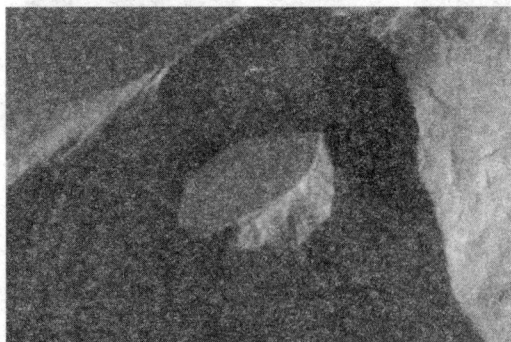

天然拱在世界各地都能见到，图为澳大利亚的一处天然拱。

美国犹他州的天然拱国家公园是世界上天然拱最多的地方，大大小小的天然拱竟有 1000 多座。其中著名的"风景拱"（又称兰特斯开普拱），是世界上最大的单个天然拱，全长 88.7 米，高

30.5 米，拱顶最窄处仅有 11.8 米宽，看上去岌岌可危。

那么，这些天然桥和天然拱是怎样形成的呢？为什么科罗拉多高原的天然桥和天然拱如此之多呢？

原来，在远古时代，这里曾经是一片浅海，沉积了大量的刚性砂岩层。中生代以后，由于地壳运动，这里上升为高原，并伴以剧烈的岩层断裂活动，在岩石中产生了许多裂隙。天然桥大多是流水在裂隙中长年冲蚀，使裂隙不断加大加宽，最后形成的孔洞。而天然拱一般是裂隙比较大的岩石，由于风化和重力崩塌造成的。天然桥和天然拱的区别在于，前者下边有流水通过，而后者下边没有水。

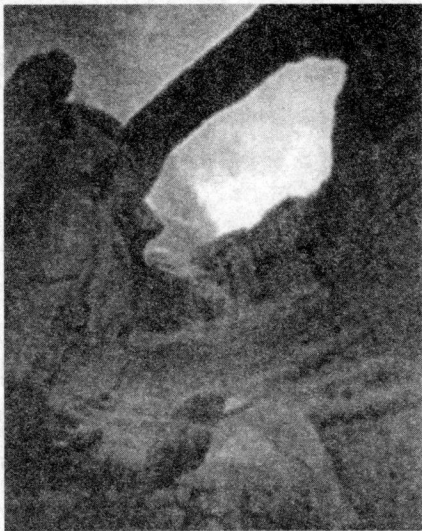

这个"天窗"开在凸起岩石顶部，真使人感叹大自然的鬼斧神工。

随着时间的流逝，还不断会有新的天然桥和天然拱诞生，也不断会有旧的倒塌断裂，直至消失。

魔鬼塔与化石林

在美国怀俄明州东北部的贝尔福什河流域的一片茂密的森林中，耸立着一根擎天石柱，上面布满了排列整齐的"木纹"，这就是著名的魔鬼塔。

魔鬼塔高约264米，塔底直径300米，平坦的顶部直径84米。它由一簇又长又直并且布满节理和裂隙的石柱组成，倾角达到80度，陡峭异常。关于魔鬼塔，在当地印第安人中，还流传着一个传说。相传在很久很久以前，有一个大力魔神，他用自己的神力雕筑了这个石柱。每当他不高兴的时候，便在柱顶大力击鼓，发出震天的鼓声，听到的人无不感到惊恐万分，魔鬼塔便因此得名。

泰国南部的攀牙湾是一处风景优美的地方。其中的平甘岛犹如一个大陶罐，在邦德电影《带金枪的人》里被用做一个场景之后，得到了"詹姆斯·邦德岛"的诨名。这座陶罐塔形成的原因同魔鬼塔一样，都是亿万年前火山喷发的结果。

美国亚利桑那州古老的化石林，是1.5亿年前的史前森林经过演化形成的。

传说毕竟是传说。那么魔鬼塔究竟是怎样形成的呢？大家知道，火山是地球内部岩浆喷发形成的。岩浆喷发时当然要有喷发的通道，当岩浆停止喷发时，通道里的岩浆便逐渐凝固成熔岩。魔鬼塔所在的位置正是岩浆喷发时的通道。魔鬼塔就是凝固在通道里的熔岩。在几百万年之前，它原本是埋在地下的，由于周围的岩石都比它脆弱，受到风化剥蚀逐渐变成泥沙被雨水冲走，于是魔鬼塔就兀立于地面变成今天的样子。它上面的节理和裂隙，则是在岩浆冷却时自然收缩形成的。

在美国亚利桑那州东北部，还有一座奇特的化石林——数以千计的石化的树干，倒卧在地面上，宛如一片古老的废墟。

在1.5亿年前，这里是一片史前森林，后来由于洪水冲刷裹带，这些树木有的倒伏，有的折断，并被泥沙和火山灰所掩埋。被掩埋的树木由于缺氧而没有腐烂，其木质细胞经矿物质填充和代替后，又被溶于水中的铁、锰的氧化物染上各种颜色，就变成了今天的五彩斑斓的化石林了。

化石林中这些石化的树干，平均宽度0.9~1.2米，长18~24米，最长的达 37.5 米。它们的年轮清晰，纹理斐然，色泽艳丽，在阳光下熠熠发光，使人眼花缭乱，叹为观止。整个化石林分为六个部分，它们分别叫彩虹森林、碧玉森林、水晶森林、玛瑙森林、黑森林和蓝森林。此外，还有一根长 30 米的石化树干，它的下部已被风蚀成洞穴，像一座美丽的长桥，人们给它起了一个美丽的名字——玛瑙桥。

参天的原始森林，经过亿万年的变迁，竟成为化石林，其上面的木质纤维还依稀可见，大自然的魔力真是匪夷所思。

"鬼城"奇景

风是大自然杰出的"雕塑师",它以自己的鬼斧神工,雕凿出许多奇妙的自然景观。

我国大西北沙漠中的"鬼城",远远望去,俨然是一座中世纪的城堡。

风是大自然中神奇的"雕塑师"，这个高耸发鬏的美人头像——我国台湾省基隆市野柳岬的奇景，就是它的杰作。

在我国的大西北沙漠中，耸立着一座"鬼城"，远远望去，俨然一座中世纪的城堡，有高大的城楼，狭窄的街道，宽阔的广场，巍峨的宝塔，各种人形或兽形"雕塑"……一个城市所能拥有的各种建筑设施这里几乎都有。可是这个"城市"里空无一人，因此显得是那样冷寂荒凉。

如果在一个月光朗朗的夜晚走进"鬼城"，你见到的会是另外一番景象，各种奇形怪状的"建筑物"、"雕塑"，一齐投下怪影，与实物虚实互补，并且随月光移动，变化万千，阴森可怕，因此当地人都称其为"鬼城"。

那么，这神奇的"鬼城"是怎样形成的呢？原来，这里曾是一个巨大的岩石山，其岩层大多是古生代二叠纪的沉积岩层，已有2亿多年的历史了。它们是由沉积岩一层又一层相叠而成，有的厚些，有的薄些；质地也不一样，

美国内罗毕荒漠上风沙岩的怪异造型。

有的结实，有的疏松。沙漠地区，干燥少雨，白天骄阳似火，把大地烤热；一到夜里，气温迅速下降。冷热变化剧烈。岩石热胀冷缩，天长日久，就会出现许多裂缝和孔道。而且当地正处在一个大风口处，常年遭到从中亚沙漠地区吹来的西北风的肆虐，风力最高时可达 12 级，八九级大风更是常有的

事。这样大的狂风裹挟着沙粒打在石头上，仿佛一把锋利的刻刀，对岩石雕磨打造，长年累月，最后终于变成今天这个样子。

"鬼城"虽然杳无人烟，可并不平静。由于岩壁形状、大小和厚薄不同，在风的吹拂下，就会发出怪异的声音。微风吹来，如和谐的抒情曲；狂风大作，则变成了怒涛呼啸，使人毛骨悚然。

这是美国内华达州的两处奇异景观，其始作俑者就是风。风化的碎石渣在巨石下形成了金字塔形的斜坡。下图的岩体被命名为"连指手套"。

石林奇观

我国云南省的路南彝族自治县，以石林著称于世。路南石林有"天下第一奇观"的美誉。在路南石林中，最精华也最具代表性的是李子箐石林和摩寨石门峰。

李子箐石林连绵十几千米，远远望去，仿佛一个莽莽苍苍的大森林。李子箐石林分为大石林、小石林、外石林、地下石林等几部分。

大石林中的石峰高低不同，形状各异。高的超过百米，直插云天；矮的只有几米。至于形状，更是千姿百态，有的像塔，有的像楼，有的像器物鸟兽，有的像雨后春笋，有的像蘑菇云，有的像文人武士，有的像少女村姑。在这些奇峰异石之间，还有一汪清水——碧波荡漾的剑峰池。

小石林与大石林紧密相连，而又自成格局。这里林木青葱，地势平坦，间有桃、李、梅、杏、山茶，艳丽的花朵不时从崖间探出头来。几块草坪四周点缀着奇峰怪石，最引人注目的是：在圆形的碧池之旁，有一座石峰，顶端呈淡红，外形宛若一位富有青春活力的撒尼族少女。这个风韵天成的少女造型，赢得了当地人民的喜爱，亲切地称她为"阿诗玛"。关于"阿诗玛"，还有一个传说。相传，聪明美丽的阿诗玛不愿嫁给热布巴拉家的少爷，就与阿黑一起逃

这个高耸的石柱，很容易让人想到大名鼎鼎的比萨斜塔。

世界上的沙漠大多分布在南、北纬 15°～35°之间的信风带。这些地方气压高，雨量极少，非常干旱，地面上的岩石经风化后形成细小的沙粒，沙粒随风飘扬，堆积起来，就形成了沙丘，沙丘广布，就变成了浩瀚的沙漠。值得人们警惕的是，有些沙漠并不是天然形成的。如美国 1908～1938 年间由于滥伐森林，大片草原被破坏，结果使大片绿地变成了沙漠。苏联在 1954～1963 年的垦荒运动中，使中亚草原遭到严重破坏，非但没有得到耕地，反而带来了沙漠灾害。图为正在逐渐风化的石林。

走。热布巴拉勾结崖神用洪水淹死了阿诗玛，洪水退去后，就出现了状如少女的石峰。

摩寨石门峰位于李子箐石林东北约 12 千米处，旧名石门峰或石门哨。这里的石林石质黝黑古朴，气势磅礴，有如大海怒涛冲天而起。那种不加修饰的粗犷的自然美，使人耳目一新。

20 世纪 80 年代，在离路南石林 20 千米的地方，又发现一处新石林。它比路南石林更为奇特，岩柱多呈蘑菇状，远远望去仿佛灵芝丛生，因此得名为"灵芝林"。岩柱群耸立在一个巨大的浅碟形溶蚀洼地中央，平均高度约10 米，最高的有 40 米，形状像飞禽走兽，栩栩如生。石林区还有陡壁如削的幽涧、耸立群峰之巅的石牌坊，深邃曲折，引人入胜。有个双层洞穴，迂回幽深，宛如世外桃源。

不光中国有石林，国外也有。著名的秘鲁石林位于秘鲁首都利马郊外。与路南石林不同的是，秘鲁石林那些形状各异的石柱的顶部几乎都有巨大的石块，仿佛长着一个大脑袋。

那么这些奇异的石林都是怎样形成的呢？一般来说，石林大多属于岩溶地貌。在远古时代，这些地方原是大海，沉积了几百米厚的石灰岩层，后来，因地壳运动上升为陆地，以后又经过多个地质时期不断演变，以及长期的风化和雨水侵蚀，才形成了现在这种奇特的自然景观。

石林在世界各地分布很广，它使人类充分领略了大自然的雄奇伟力。

我国云南省路南彝族自治县的"阿诗玛"石峰，有着一段美丽动人的传说，忠贞不渝的爱情故事催人泪下。

天下第一奇石

在我国福建省南端的东山岛上有一块奇石，它高 4.37 米，宽 4.57 米，长 4.69 米，重约 200 吨。自古被誉为"天下第一奇石"。

说它奇，除了块头大之外，更主要的还是一个"悬"字。它除了下部几十厘米见方的圆弧部分同下面的一块比较平坦的石磐接触外，几乎整个岩体都临空而居，就仿佛一个身怀绝技的杂技演员。巨石身处东南沿海，饱受台风袭击，但除晃晃身子外，从未见其坠落，是个长寿的"不倒翁"，因此人们又称之为风动石。如果你到此游览，身体仰卧，翘足蹬踹巨石，石身来回晃动，有摇摇欲坠之感，很是惊险刺激。

津巴布韦栋博沙瓦的巨型平衡石，看起来它好像随时会倒，可竖立在那里已经有几万年了，却安然无恙。

这就是那块"天下第一奇石"。大自然的鬼斧神工，塑造了它的奇、险、特，也让人们产生了无限的遐想。

1918年2月3日，东山岛发生7.5级大地震，天摇地动，无数房屋倒塌，可这块奇石只晃了几晃，安然无恙。

据说，抗日战争时期，日军用钢丝绳将风动石捆住，与日舰"太和丸"连在一起。当"太和丸"开足马力企图拉动它时，随着"嘣、嘣"几声巨响，钢丝绳断成几截，风动石仍在原地未动。

也许有人要问，风动石是怎样形成的呢？地质学家经过考察发现，风动石和它下面的大石都属于花岗岩，根据岩石节理发育的特点判断，二者原本是一个整体，由于长期的风化和海蚀，才使它们分了家。类似的风动石在福建沿海地区并不少见，如泉州风动石、平潭风

无独有偶，在英国北部也有一块巨石摆在两块基石上，这难道是人工所为吗？

25

动石等。福建沿海的风动石都是由花岗岩形成的。花岗岩虽然很硬，但在长期风吹、日晒、水冲等作用下，会层层脱皮，地质学家把这种自然现象称为球形风化。

那么，风动石为什么摇而不倒呢？科学家们分析，它之所以能够摇而不倒，与其形状有着很大关系。它上面小，下面大，重心很低，即使遇风摇动不定，通过重心的垂线，也始终在它与下面石磐的接触面内，故狂风呼啸，它仍安然不倒。其摇而不倒的原因同"不倒翁"很相似。

这是越南夏龙湾一处浅海海面上的两块奇石，相对而立。它们又是怎样形成的呢？

艾尔斯巨岩

在澳大利亚中部的维多利亚沙漠中，有一块世界上最大的岩石静静地横卧着。它高约400米，底沿周长约10千米，占地面积约1200公顷。1873年，探险家威廉·戈斯发现了这块巨石，便以当时澳大利亚总理艾尔斯的名字，把它命名为"艾尔斯巨岩"。

艾尔斯巨岩的地面部分有不少石洞，洞壁上有彩画，描绘了古代土著居民的生活、劳动情景。由于年代久远，只能依稀辨认。当地的土著人很早就把艾尔斯巨岩当做一块神石，对它顶礼膜拜。他们在艾尔斯巨岩脚下举行图腾仪式和宗教活动，祈求大自然的恩赐，祈求艾尔斯巨岩的神灵保佑。在这些土著人的心目中，这个巨岩是最神圣的地方，是宇宙的中心，是祖先神圣的住宿地，是神灵鸟女和神灵犬男相会的地方。

艾尔斯巨岩表面圆滑光亮，呈紫红色，对阳光的反射作用很强，加上沙漠上空极少有云彩，四周又没有山峰和高大的树木遮挡，所以每当旭日东升或夕阳西下的时候，随着光线的变化，巨岩也会变换颜色，黎明时呈粉红色或朱红色，中午时呈金黄色，傍晚时呈深紫色。如果出现淡淡的云彩，颜色还会发生奇妙的变化。

著名的澳大利亚艾尔斯巨岩，它的颜色会随一天时间的不同而变化，因而特别出名。图为麦奇泉沿艾尔斯巨岩的侧面流下。

艾尔斯巨岩最美丽的时刻是夕阳

这是举世闻名的艾尔斯巨岩全景

这样的造型很容易使人想到一对"情侣"

贴近地平线那一刻，此时沙漠上一片昏暗，只有艾尔斯巨岩依然耀眼地耸立着。而当太阳落到地平线下时，它变得火红火红的，仿佛正在炽热地燃烧。

　　艾尔斯巨岩是怎样形成的呢？地质学家认为，它是地壳变动的产物。由于地层的相互挤压碰撞，有一段地层上升了，成为一块巨大的山岩。那么它为什么会发红"燃烧"呢？原因很简单，艾尔斯巨岩正在生锈，它里面含有氧化铁，在微湿的空气中发生氧化，因此呈红色。当阳光从很低的角度斜射而来时，它看上去就好像是火焰在燃烧。

奇异的悬崖峭壁

澳大利亚有着漫长的海岸线，千百万年以来在风化和海蚀等各种自然力的作用下，形成了许多奇特的地形地貌。

在大澳大利亚湾，有一条陡峻的岩壁，它呈锯齿形，绵延达190千米，比海平面平均高出83米，最高处高出海平面近百米，称得上是世界上最长的峭壁了。它是纳勒博平原向南延伸的部分，到达大澳大利亚湾后，突然以陡峭的断崖直插海中。"纳勒博"是拉丁语，意思是"没有树木"。

原来，这个干燥的平原上覆盖着一层薄薄的土壤，植物非常稀少。地下石灰岩中，到处是洞穴。有的洞穴因坍陷而成洼地，最宽的达4.8千米，深6米。于是形成了一种奇特的现象，一些石灰坑与洞穴相通，由于洞内外气压

澳大利亚的波浪岩不像是岩石，更像是波浪。

北爱尔兰巨人岬附近的玄武岩石基基，好像一棵棵采伐过的树墩子，整齐地排列在一起。从图中可以清晰地看出它们中有许多呈六边形。这是五六千万年以前，地下熔岩流向大海时被迅速冷却的结果。

斯塔法是苏格兰西海岸外的一个小岛，周边环绕看玄武岩石柱。这些岩石大约在7000万年以前由火山熔岩经风化而形成，石柱大多呈六边形，互相紧挨在一起，高度约有40多米，看起来很像管风琴的管子。

的不同，它们吸进或排出空气，发出呼啸之声。

地质学家经过考察认为，纳勒博平原曾经是一个古海底，大约100万年前，它由海底上升变为陆地平面，海拔60～120米。它是世界上最平坦的平

罗斯冰架是一块巨大的三角形冰筏，它宽约800千米，向内陆方向深入约970千米，其面积同法国相当。图为罗斯冰架的峭壁，高出海面竟达30米。

原，从海岸处的峭壁，向内陆延伸约 240 千米。石灰岩地层由于长期的侵蚀作用，多洞穴，地下水渗漏，因此地面植物就很稀少了。

在澳大利亚西部，还有一种波浪岩——那陡峭的岩壁上满是垂直方向的波浪状条纹。人们站在岩壁前面看，波浪岩仿佛是汹涌的波涛，正奔腾着扑面而来，气势十分壮观。它由此而得名为波浪岩。

波浪岩是怎样形成的呢？它也是一种岩溶地貌吗？

波浪岩同岩溶地貌不同，它不是由水溶形成，而是由于地壳构造变化、火山活动、风化、海蚀等形成的。

万烟谷奇观

1912年6月1日，沉寂已久的美国阿拉斯加的卡特迈火山发生喷发，火山喷出的29立方千米的火山灰遮蔽了天空，使方圆100多千米以内的地方变得漆黑一片。这种状态整整持续了3天。附近的科迪亚克岛完全被火山灰掩埋，几天后，连几千千米之外的华盛顿都能看到高空的烟雾。

之后，卡特迈火山虽然停止喷发，但依然是烟雾缭绕，热气腾腾。周围草木不生，许多裂缝还在冒烟，并且其温度很高，4年后一个考察队前来考察时，喷出的气体经测量温度仍高达649℃。

在距卡特迈火山10多千米处，有一条长16千米、宽8千米，由40多个山谷组成的地带。原先，这里林木茂盛，郁郁葱葱，如今植物已全部枯死，

卡特迈火山虽然停止喷发，但依然是烟雾缭绕，热气腾腾。

谷中覆盖着一层厚 213 米的火山灰砾。令人惊奇的是，这片面积 145 平方千米的灰砾场上，有着成千上万个喷气孔，大量炽热的气体从地下喷出来，形成挺拔的气柱，遇冷空气凝成大片云雾，在山谷上空形成巨大的蒸汽云，从而形成了罕见的自然奇观——万烟谷。

几十年过去了，如今万烟谷里仍在喷气的喷气孔已经寥寥无几。但是美国政府却把这满目荒凉、百孔千疮的地方派了用场：以它为假想月面，用来训练宇航员。同时，还将它辟为国家公园，吸引了大量游人。

怪石多多

漂　石

　　用石头做船好像是不可思议的事。但在非洲马里的尼日尔河流域，渔民却真的用一种名叫洞石的石头，拼制小型棕色渔船下水作业。这种在当地山上出产的洞石，石头内部有80%左右是空洞，很像凝固的泡沫。石头空洞内有薄薄的石层相隔，互不透气。用洞石拼制的船就如同有若干个密封舱的小汽艇，放在河中可轻盈地浮在水面随波逐流。

　　美国俄勒冈州梅扎罗山的火山口湖是典型的堰塞湖，奇怪的是湖面上经常漂浮着一些比水还轻的熔岩石块，当地人称其为"鬼魂船"。

无独有偶。在我国湖南省祁阳县兰桥乡荷池林，也有一种石头能在水中漂浮。这种石头的硅质瓣呈多孔洞组成的斑点状。它的颜色有深红、灰褐、灰白等，比较坚硬，然而密度很小，在水中可长时间漂浮，因此当地人称它为"水漂石"。

香　石

在离陕西省南郑县碑坝镇 45 千米的大山深处，人们意外地发现了一种古之瑰宝——香石。这种石头石质细密光滑，形状不规则。肉眼观之，呈深褐色；嗅之，异香扑鼻。

在广西天峨县向阳镇平腊村的一条山路上，也有一块能发出芳香气味的石头，当地人叫它"香石"，相距 30 米就能闻到一股浓郁的沁人肺腑的香气（有点儿像八角和沙姜的混合气味）。行人无不久立石旁，张开大口做深呼吸，以沁心脾。行人要想手上留香，只需用手摩擦一下香石，香气便能在掌上存留 15 分钟。由于过往行人经常擦摩，这块石头变得油光锃亮，然而香味犹存。这块香石重达 2 吨左右，呈三角形，高约 1.3 米，直径 1 米，呈棕红色，一头大一头小，一头高一头低，犹如一头伏在地上的猛虎。一些人随手敲一块香石带回家去。但奇怪的是，敲下的石片一离母体便失去香气，其中奥秘，令人费解。

臭　石

有香石就一定有臭石。在四川省射洪县金华山陈子昂读书台内就有一块臭石，它是明代嘉靖年间射洪县人杨最在云南做官时，从曲靖县带回的，原来放置在金华镇江西街一小院内。解放后，射洪县文化馆将该石运往太和镇，埋于馆内葡萄架下。1983 年 9 月运往金华山，收藏于此。这块石头，形如人脑，表面微光，色呈灰黑。原高约 1.2 米，经多年来搬运敲击，现只有 0.6 米了。若以铁器击之，臭气顿出。清代袁霖先生的《臭石歌》就惟妙惟肖地描绘了此石：

"敲石得乐声，煮石得其味，哪见击石出臭气？不信将石砥，臭即随手起，遗臭千年存，谁知石端委？"石头击之有臭，世间少闻，若你有幸到金华山去，亲手敲敲，嗅嗅那悠悠臭气，定会游兴大增，心旷神怡，别有一番情趣。

解 毒 石

石头还能解毒吗？答案是肯定的。据说瑞典国王和英国伊丽莎白女王都拥有这种石头。他们为了防备敌人在酒里面投入砒霜，总是用这种石头试酒。伊丽莎白女王甚至将它镶在戒指上随身携带备用。这种能解毒的石头叫毛粪石，是在羚羊、无峰驼的消化道中产生的坚硬结石。毛粪石含有较多的磷酸盐，把它放在含有砒霜的毒液中，就像一块化学海绵，能使砒霜化成磷酸盐，并把它们吸收。如在酒杯里放上它，放进的毒药就会被吸去，从而保证人们的安全。

牛 鸣 石

在广西靖西县一个名叫"莫龙"的山坳中，横卧着两块巨岩，中间留"一线天"让人通行。左边的巨岩呈三角形，远观如一头卧在地上的大灰牛。石面光滑，内有孔洞交错，小如铜钱，大似军号。往孔洞吹气，一阵阵雄浑的"哞哞哞"牛叫声就会从气孔出来。吹气越大，声音越响。

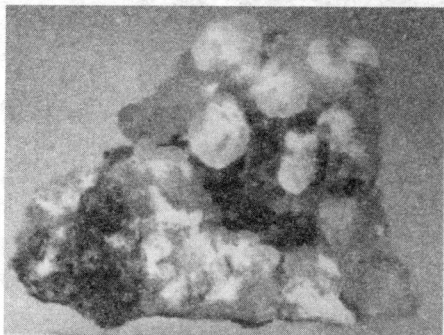

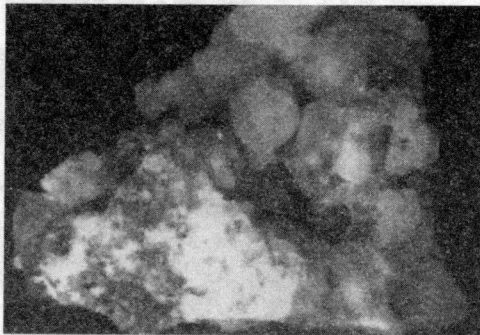

这是一块荧石的两张照片。上图为白天所摄，与一般石头无异。下图为夜间所摄，可以看出荧石有较强感光度。

为什么会这样呢？原来，牛鸣石是一种浅灰色的石灰岩，被雨水溶蚀出许多孔洞，蚂蚁、蛇、鼠和鸟类穿行其中，把粗糙的洞壁打磨得非常光滑。人往一个洞口吹气，互相串通的孔洞受空气摩擦，便产生铜管乐器的效应，发出动听的牛鸣声。

冰 洲 石

在自然界中，有一种无色透明、结晶完整的石头——冰洲石，它非常稀罕难得，比黄金还要珍贵。

冰洲石有一种魔术师般的本领——把它放在画有一条线的纸面上，却会看到纸面上有两条线。为什么会这样呢？原来，冰洲石具有双折射的本领，这使它在光学领域有着广泛的用途，从而身价倍增。

那么，冰洲石是怎样形成的呢？原来，在江河湖海中都有大量的钙质，当水蒸发到一定程度时，水中的钙就变成碳酸钙沉淀下来。碳酸钙经过种种化学反应和地质作用，就形成了方解石。如果水中的钙质特别纯净，就可能成为冰洲石。

南美安第斯山脉有一处山岩，每逢阴雨天气，岩石中就会发出隆隆的雷声。当地土著人称其为"雷公岩"。

哭　石

在法国与西班牙交界处的比利牛斯山中，有一块会哭的岩石，人们称它"哭石"。这块不足 30 米高的岩石在外形上并没有什么奇特之处，但在天气晴朗的午后却会发出像女孩一样的"哭声"。世界各地的游客被这一神奇现象所吸引，纷纷前来，兴致勃勃地听"哭石"的"表演"。

"哭石"为何能发出"哭声"呢？地质学家认为，这块岩石白天受热膨胀，到傍晚因温度降低而收缩，因此发出了"哭声"。

自　爆　石

在坦桑尼亚的"魔鬼石林"中，一天，一名西班牙籍的男孩玛卢斯与伙伴在玩耍时，拣到一块 20 厘米左右长的椭圆形怪石，那块石头发出紫色光芒，非常诱人。当玛卢斯掏出手绢拭去石块上的泥土时，石块突然爆炸了，孩子应声倒地。破裂的碎石像烧红的铁屑一样沾在孩子身上。这块怪石为什么会自爆，一直是一个谜。

无独有偶。1988 年 5 月 4 日，在四川古蔺县龙井乡一座海拔 2000 多米高的山上，一块高 20 多米、底部周长 40 多米的巨石，突然自己爆炸，巨石炸为 4 块，其中一块飞出 30 多米。

坦桑尼亚"魔鬼石林"中，怪石林立。有些怪石给人一种马上要掉落下来的感觉。

世界最长的洞穴

猛犸洞位于美国肯塔基州的路易斯维尔市以南约 160 千米的地方，总长度超过 240 千米，是世界上最长的洞穴。猛犸原指一种已经绝迹了的古老的长毛巨象，这里用来形容洞穴体积庞大，与"猛犸"一词的原意无关。

美国肯塔基州的猛犸洞是世界上最长的洞穴，在中央大走廊两旁分布着若干个大厅。

位于中国湖南省西部龙山县的飞虎洞，总长达16千米，目前仍在探索中，估计其支洞可能继续向前延伸。

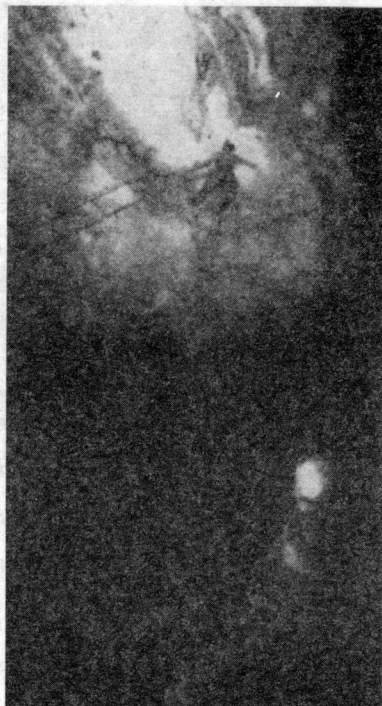

探险队员借助工具渡过上部向前突出的绝壁

猛犸洞是由255条洞穴组成的曲折幽深的地下迷宫。这255条洞穴分为5层，上下左右均可连通，最底下的一层在地面以下110米处。洞里共有77个地下大厅，最著名的有中央厅、酋长殿、大蝙蝠厅、星辰厅、婚礼厅等。酋长殿是其中最大的一个厅，长163米，宽87米，高38米，可以容纳几千人。星辰厅的顶部有许多白色的石膏结晶，从下仰望，仿佛是星光灿烂的天穹。洞内分布着7个自然瀑布，水声隆隆，水珠飞溅。还有3条河和8处瀑布。最大的回音河，最宽处约8米，深1.5~3米，长800米。河中还有一种奇特的无眼鱼——盲鱼，它长约12厘米，身上没有一星鳞片。

在猛犸洞里，形状千奇百怪的石笋和钟乳石随处可见。其中有一处从洞顶悬垂下来，看上去仿佛一道凝固了的白色瀑布，人们称之为"冰冻的尼亚加拉"（瀑布）。

地下水顺石笋流下，积在堤防般的凹状石笋内侧形成石池。

猛犸洞内空气清新，温度常年保持在12℃左右，在古代曾是当地印第安人的活动场所——洞内曾发现用过的火把、简单的工具、干尸等。1799年，猎人罗伯特·霍钦在追逐一只受伤的野熊时，无意中发现了该洞。之后它长期被控制在私人手中，曾作为开采硝石的矿场。1936年，美国将此地开辟为国家公园，成为与黄石公园齐名的旅游胜地。

奇洞大观

洞穴是地球自然景观的一个重要组成部分。世界上有形形色色的洞穴，它们有的深，有的险，有的奇，有的怪，有的幽，但都构成了一种奇特的地下风景。

溶洞是地球上洞穴中数量最多的，也是最神奇的一种。我国的岩溶地貌总面积约130万平方千米，面积之大为世界之最。特别是我国西南地区，地处亚热带，气候湿润温暖，塑造出许多奇特的溶洞。

湖南武陵源有个黄龙洞，长10多千米，总面积20万平方米。洞内有一座水库、两条暗河、三挂瀑布、四汪深潭、10个大厅、96条长廊、上千个白玉池。洞内布满了千姿百态的石鞭、石幔、石瀑、石川、石藤、石花等。洞内还有70米长的石梯，沿着这个石梯拾级而上，进入"龙宫"。它高71米，占地16 000平方米，相当于三个足球场大。里面还有1700多根石柱，它们五

海底深洞露出狰狞可怕的"大口"

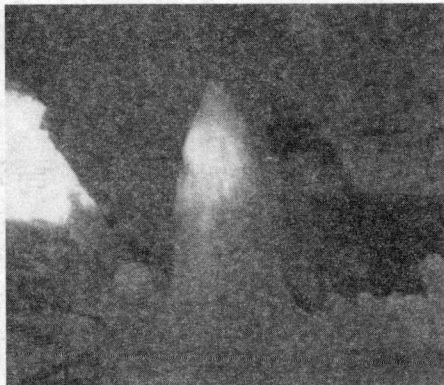

1969年"阿波罗9号"宇宙飞船拍摄的这张照片，清晰地显示出绕经安德罗斯岛的深色"大洋之舌"。加勒比海中的安德罗斯岛及其周围水域因海洋底部有深邃的洞穴——蓝洞而闻名于世。

奥地利埃斯里森威尔特洞穴的冰盖通道上耸立着一座冰块塔

彩缤纷，色泽艳丽。在洞的一端，还有一个壮观的"龙王宝座"，它高12米，径围31米，外观呈金黄色，像是用黄金打造的一般。在龙宫的另一端，矗立着一根27米高洁白如玉的"定海神针"。

洞穴中数量惊人的钟乳石和石笋形成了坚硬的石灰岩幕帘和瀑布，以及像花朵一般的精致晶体。

浙江湖州也有一个黄龙洞，它有一个由10个小溶洞互相贯通形成的"迷宫"，里面有不少倒挂的悬石，一经敲击，便会发出各种美妙的声音，如鼓，如琴，如锣……这个洞也因此被誉为天然音乐厅。

湖北利川新发现了一个腾龙洞，堪称世界最大的溶洞。它长8.5千米，洞口高、宽分别为60米、170米。这个溶洞里有一个大厅、两座小山（高分别为100米和200米），洞内可容纳高21层的大厦，摆下30个足球场。

在发现腾龙洞之前号称世界最大洞穴的，是美国新墨西哥州卡尔斯巴德岩洞群中的大屋洞。它长 550 米，高 25～77 米，面积 56 万平方米。在卡尔斯巴德岩洞群中，还有一个蝙蝠洞，长 1000 米，栖居着约 800 万只蝙蝠。每天傍晚时分，它们从洞穴中呼啸飞出，在天空中形成一条长几千米的黑色"长蛇阵"。到第二天清晨，蝙蝠又陆续飞返洞中。那种场面真是惊心动魄，堪称世界一大奇观。

我国湖南的黄龙洞中，钟乳石色彩斑斓，造型奇异。这种奇妙的洞中景观，让人感觉仿佛置身于世外桃源。

世界上最深的山洞是阿尔卑斯山中的让－贝尔纳洞。它深入地表超过 1500 米。洞的结构很复杂，洞穴通道经过的地方有好几处积水的水坑，人们叫它"水帘洞"。1982 年，法国里昂的一个洞穴专家小组的潜水员，先后经过三个"水帘洞"，下到这个洞的 1490 米深处，第四个水帘洞因太窄而无法通过。

南斯拉夫的波斯托依那岩洞，是世界著名的石灰岩洞，岩洞里布满了形状各异的石柱、石笋和钟乳石。有些钟乳石，只要用手指弹击，就会发出清脆的"琴音"。如果在一些"大厅"中敲击，效果会更加美妙。有一个"音乐大厅"的拱门高达 80 米，有很多洞穴、地道和回廊与它相通。那里的石柱，只要敲击一下，顶上就发出回响，接着是一连串的回声响彻大厅，并沿着各个洞穴、地道和回廊向四外辐射，形成一个天然的音响系统。

自古以来，这些奇异的洞穴一直对人类有着极大的吸引力。早在石器时代，山洞不只是住屋，而且也是祭祀和安葬的场所。从洞穴中挖出的陪葬品、

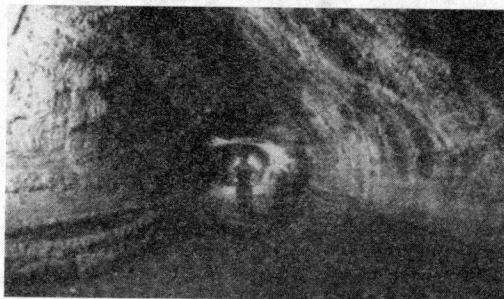

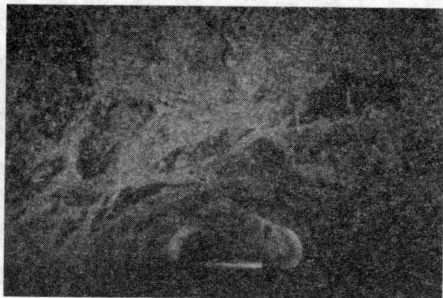

自古以来，这些奇异的洞穴一直对人类有着极大的吸引力。

用具、遗骨和给人印象特别深的壁画，都证明了这一点。那么，这些洞穴是怎样形成的呢？

世界上大部分洞穴都是在几百万年前在海底形成的大量的石灰岩沉积物中产生的。这些沉积物是无数动植物的遗骸。在远古时代，由于海洋的水温高于陆地，许多动植物纷纷迁到海洋中生活。但是由于海水中含有碳化物，这些动植物吸收后都死了，尸体沉到了海底，天长日久便形成了一层层厚厚的透气又透水的石灰岩层。

后来，许多这样的沉积物形成的石灰岩露出水面，便形成了山脉。而在地表下由积聚起来的水溶蚀部分石灰岩形成了一个个洞穴。

水不断地浸入这种地方，但不像从前那样有规则，所以使洞穴形成了各种各样的形状，有的像潺潺小溪，有的像一条走廊。要是这种洞穴顶部石头上有细小的裂缝，水会一滴一滴地渗进去。在洞穴里的空气的作用下，水滴放出二氧化碳，使石灰岩裂化。水溶解裂化了的石灰岩并予以吸收，于是在水不断下滴的地方形成了钟乳石。从顶部垂下来的叫钟乳石，从地下往上长的叫石笋。有时，上下的钟乳石连接起来，就形成了粗大的石柱。有些钟乳石很奇怪，向四面八方生长，好像在嘲弄重力法则。

死亡之谷

美国加利福尼亚州和内华达州交界地带，有一个"死亡谷"，它南北长 225 千米，东西宽 6～26 千米，面积 1408 平方千米，两侧绝崖陡立，险象环生。

1849 年，有一支寻找金矿的勘探队来到这里，结果几乎无一生还。后来，又有不少人前去探险，结果也屡屡不得善终。最令人难以理解的是，这个被"死神"统治的地方，竟是飞禽走兽的"极乐世界"。据初步统计，那里繁衍着 230 多种鸟，19 种蛇，17 种蜥蜴，1500 多头野驴，还有各种各样的多如牛毛的昆虫。

然而，20 世纪 80 年代，一位法国探险家创造了奇迹。这位法国探险家叫克里斯蒂昂·诺，他骑着自己设计制造的一辆三轮帆车，用了 4 天时间，独

美国亚利桑那州的"魔鬼谷"。其强大的磁场经常使过往的车辆和飞机发生奇怪的事故。

这是在著名的美国亚利桑那州的"魔鬼谷"发现的陨铁

自穿越这条荒无人烟的"死谷",为世人闯出了一条穿越"死谷"的路。但在旅途上,他历尽了艰辛,仅帆车轮胎就爆裂过 18 次。

类似的地方还有很多。俄罗斯堪察加半岛克罗诺基自然保护区,也有个世界著名的死亡谷。谷中地形复杂,深坑遍布,沟壑交错,到处都是动物和飞禽的尸骨。进入谷中的人兽,很少有生还者,仅记录在案的死亡者就有 20 多人。根据这些人和兽死亡时的姿态可以断定,他们大多都是突然死亡的。那么他们的死因何在呢?

前苏联科学家曾多次冒险深入这个凶险之地进行考察,但未能最终找到致人(兽)死命的原因。有人认为可能与硫化氢和二氧化碳有关。另一些人反对这种看法。他们指出这两种气体虽然可以致命,但它们不是剧毒气体,作用过程缓慢,动物致死前有可能逃离危险区。他们认为,可能是烈性毒剂氢氰酸和它的派生物所为。而这又无法解释为什么距死亡谷不远的一个小山村的居民却能安然无恙,要知道有毒气体是能够挥发并随风飘散的。

在我国的云南省腾冲县,也有个死亡谷。腾冲在历史上曾有过火山爆发,至今留有不少泄气孔,个别泄气孔泄的是毒气。在腾冲县的迪石乡有个土塘子,表面上不见异常,但却能散发无味无色的毒气,而且毒性很大。人们常常可以看见天上的飞禽飞临土塘子上方后坠地身亡的景象,有时连二三千克重的野鸭子也不能幸免。

此外,在意大利的那不勒斯和瓦维尔诺湖附近也有两个死亡谷,但它们只对动物有危害,而不伤及人类。

二、神奇的河与湖

世界奇河

水是生命的源泉，川流不息的河流仿佛大地的血脉，纵横交错，布满地球的各个角落。在为数众多的河流中，有一些鲜为人知的"另类"，形成许多奇特的自然景观。

甜　河

在希腊半岛北部，有一条奥尔马加河，河水的甜度相当于普通蔗糖的79%左右，但人们不敢把它当糖水喝，只用其灌溉农作物。研究者认为，甜河的形成可能是由于河底土层中含有很厚的原糖结晶体。

印度教徒在恒河中洗"圣水"

苦 河

印度孟买北部有一条苦河，河水味道非常之苦，但有某种药理作用，当地的药厂把它当做制造药物的原汤剂。有人认为，河床深处的"苦石"是"苦水之源"。

马来西亚的一处河口湾在干潮线之间有大片的红树林生长。由于这些植物的生长，致使出海口的河水颜色变得碧绿。

酸 河

南美洲的哥伦比亚东部有一条全长 580 米的雷欧维拉力河，它是世界著名的"酸河"。这条河的河水不但味酸，而且刺激性强。据检测，河水中含有大量硫酸和少量盐酸。一些人经过研究认为，河床上可能有穴道通往火山区，火山爆发时排出的化学物质由河床穴道渗入河中，使河水呈酸性。

香　河

　　在非洲西南部的安哥拉境内有一条"香河"，原名勒尼达河，长仅6千米，河水香气十分浓郁，距该河很远便可嗅到扑鼻的香气。据说，香河的成因可能有两个：一是河底有含有香素的植物，或是这种植物能在水中开花，花味溶于水散发出香味；二是河底的泥沙中含有一种有香味的物质。

安哥拉境内香河鸟瞰图。香气从何而来，至今仍无定论。

变色河

　　西班牙南部有一条廷托河，可以说是一条五颜六色的彩色河。它的上游流经一个矿区，河水呈绿色；往下，有几条支流经过一个出产硫化铁的地区，注入廷托河后，水又变成翠绿色；再往下，当它流经一处沙地，最后聚成几个湖泊时，河水又变成了红色。"廷托河"的意思就是"彩色河"。

变 向 河

　　希腊有一条奇特的阿瓦尔河，河水每昼夜 4 次改变流向：6 小时流向大海，接着 6 小时又从海里倒流回来，再接着 6 小时又流向大海……如此来来往往，天天如此，年复一年。科学家们认为，这条河之所以像一个顽皮的孩子，是因为受爱琴海潮汐的影响。

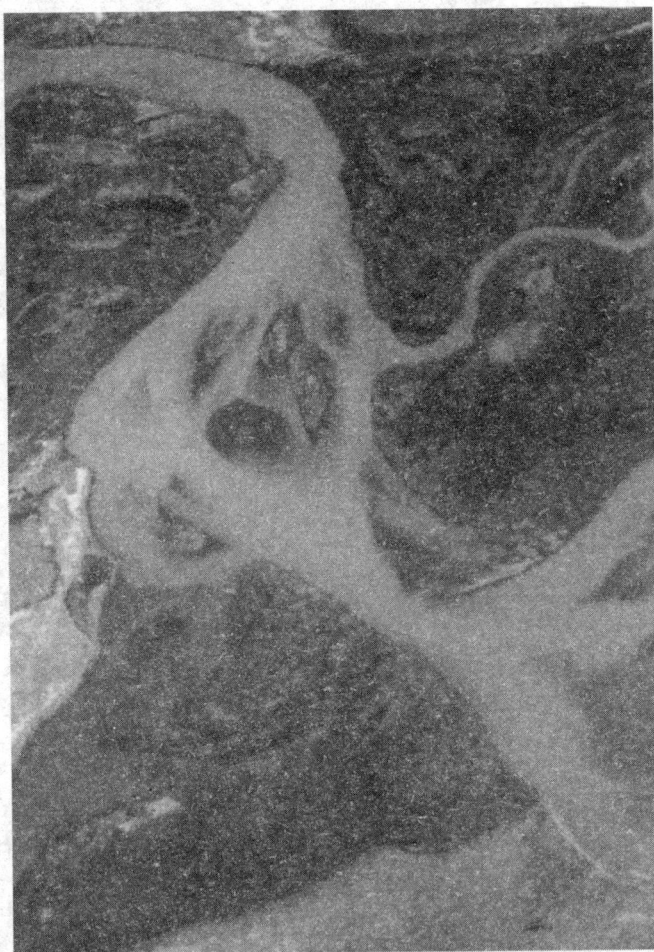

　　阿根廷的拉烈那河，流动着奇异的乳蓝色的河水。这是由冰河所制造出来的，被称为"冰河乳浆"。

潮水河

在我国湖北神农架地区有一条潮水河，它像有人定时操纵一样，每天早、中、晚各涨潮一次，每次半小时，从不误时。人们经过考察发现，它源于一个大山洞内的岩溶泉，涨潮时，只见流量倍增，迅猛异常，不知内情者常被吓得惊慌失措。人们推测，潮水河的源头可能有两个或两个以上的泉眼，包括间歇泉和非间歇泉两种。非间歇泉保证了日常流量，而间歇泉则提供了涨潮时的水。

冷热河

河南省保宁县七指岭下，有一条冷热河。这条河清水长流，长年不断，奇怪的是，河水有的地段热，有的地段冷。原来，这条河地处一个谷地，又

撒哈拉大沙漠中也有小块绿洲，这里高大的枣椰林郁郁葱葱，小溪流从石砾间淌过，生机盎然。

是一个温泉地带，共有 23 处温泉，一般水温为 70℃～80℃，最高达 100℃。众多温泉涌出的热水，汇集成一大股热流，而另一边则有很多冷泉水汇流而来。由于热泉与冷泉的水流来势相当，水量也差不多，于是便互不干扰地合流，形成一条名副其实的冷热河。

墨 水 河

阿尔及利亚有一条"墨水河"，河水可以当墨水使用。第二次世界大战期间，英国军队曾取这条河中的水当墨水用。原来，这条河有两条支流，一条含有铁质和氧化铅，另一条的河水具有很强的酸性，两条支流汇合后，水中的物质发生化学变化，就形成了天然"墨水"。

会唱歌的河

在委内瑞拉东部，有一条会"唱歌"的河。这条河水流很急，河道中有许多带缝的岩石，把急流分割成数百股。当一股股水流穿过宽窄不一的石缝时，便发出种种声音，有的高昂激扬，有的低沉婉转，仿佛许多人在唱着各种各样的歌。

奇泉大观

我国河北省涞水县境内野三坡风景区的北部有一怪泉，叫鱼谷洞泉。该泉独眼巨孔，泉眼涌出的是天然矿泉水，流量在每秒钟 0.3 立方米以上，水温 13.5℃。流量大而且稳定，即使连遭 10 多年大旱，泉水仍然奔涌如常。令人叫绝的是，每年春季"谷雨"前后，会从山泉中喷出大量活蹦乱跳的鲜鱼来。多时每天竟能喷出 1000 多千克鱼，每尾重约 300 多克，黑脊白肚，肉嫩

我国湖南伏龙山的"雷泉"，下雨不流水，打雷水常流。

鲜美，鱼骨坚硬，当地人称之为"石口鱼"。居民纷纷拿着渔网、柳筐前来捕捞。但这种鱼平时究竟生活在哪里，为何会在谷雨时节喷涌而出，却是一个不解之谜。

在湖南省慈利县伏龙山上有一眼奇怪的山泉。每当雨季来临，四周大雨滂沱，水流如注，它却滴水不流。可一有雷声，泉水便哗哗往外淌，雷声停歇，水流也停止了。有时候人们在泉边大声喊叫，也会有清澈的泉水流出来。

在我国四川省北部的广元县有一处"含羞泉"。泉水像含羞草一样，受到震动就退缩。人们只要往河床上掷一石头产生震动，泉水顿时便像一位害羞的姑娘遇到生人，掉头就躲藏起来。静静地等待一会儿，泉水又会流出来并

冰岛著名的间歇泉

由细变粗。再震动，再倒流回去。故当地人又叫它"缩水洞"。

在贵州省丹寨县县城南侧有一眼泉，反复响着"鼓声"，每10分钟左右发出一次，每次历时20～30秒钟。这眼泉当泉水开始断流时，泉口是静悄悄的，约5分钟后，泉眼里就会发出清脆的"咚咚"声，接着泉水由洞口汹涌而出，并响起轰隆隆的水吼声。当泉水流量减小时，轰隆隆的水吼声也随之减弱，到泉水流量减到最小时，水吼声也就消失了。这种现象，一次又一次地交替出现，年年月月都是如此。

贵州省安平县城西边有一眼珍珠泉，每当人们在泉边拍掌喧哗，泉水中就会涌出大量气泡，形同珍珠一般，仿佛在欢迎客人。

新疆格里沙漠中有一鸣泉，每当地震前，就发出短笛似的鸣叫声，几千米以外都能听见。

安徽寿县有眼怪泉，人对泉喊叫，就有泉水涌出。大喊泉水大涌，小喊小涌，不喊不涌。据科学家解释，它属于"声震泉"的一种，与声波振动和复杂的地质结构有关。

世界最壮观的江潮

受太阳、月球引力的影响和地球自转的作用，世界上很多地方都会出现江潮暴涨现象。如恒河支流胡格利河的江潮前进速度每小时达到 27 千米，沿河上涌 110 千米；湄公河下游的江潮潮差有时高达 14 米；亚马孙河北航道的河口宽 16 千米，这里江潮的涌水量是世界所有江潮中最大的。但它们都不如我国的钱塘江潮著名，钱塘江潮是世界上最壮观的江潮。

钱塘江潮，出现在我国浙江省杭州湾钱塘江入海处附近，因属海宁市，所以又叫海宁潮。钱塘江潮在每年的农历八月十八前后最为壮观。宋代大诗

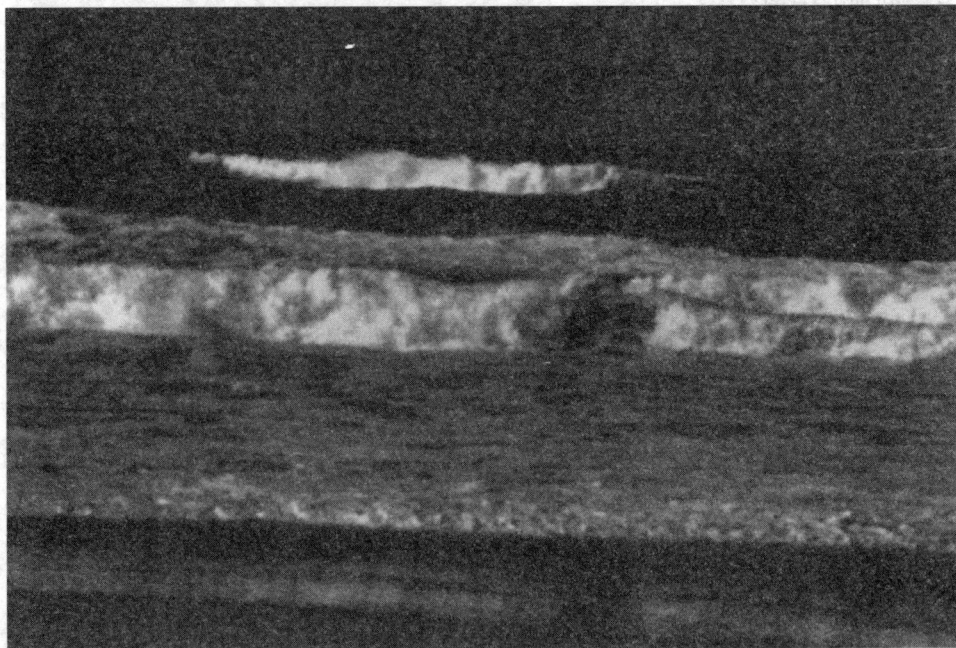

这是著名的钱塘江潮的远眺图。钱塘江潮潮涌高度可达3~4米；后潮推前潮，速度可达每小时24千米；浪潮激荡之声震耳欲聋，方圆20千米之内均可听见。

江潮拍岸激起壮观的浪花，发出震耳欲聋的轰响。

人苏轼曾有"八月十八潮，壮观天下无"的感叹。来潮前，远处先呈现出一个细小的白点，不一会儿，变成一条银带，并伴随着一阵阵闷雷般的潮声。转瞬之间，银带变成一堵高墙，咆哮奔腾，后浪赶前浪，一层叠一层，以排山倒海之势呼啸而来。据测量，潮涌的最大速度约为每小时 24 千米，潮头高度可达 3.5 米，潮差可达 8.9 米，波浪激荡之声方圆 20 千米之内均能听见，不愧是世界上最壮观的江潮。

关于钱塘江潮的形成原因，古代的人们由于认知水平的限制，无法作出科学解释，只能牵强附会地用神话传说来作解释。相传春秋战国时期，吴王夫差打败越国，越王勾践卧薪尝胆，准备复国。事被伍子胥发觉，

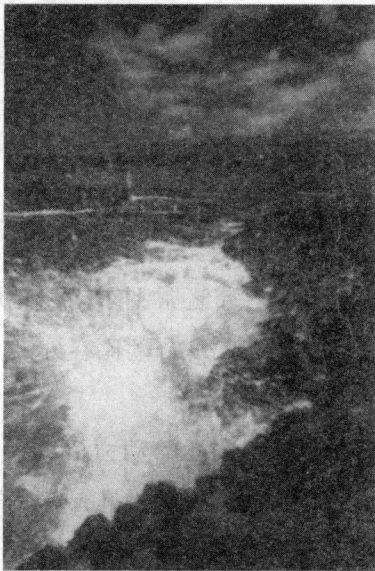

每年农历八月十八前后，汹涌的钱塘江潮拍打着岸边的岩石，激起几十米高的水花，景象蔚为壮观。

海陆之间的争斗是无情的，经过海浪长期侵蚀形成的海蚀柱，岌岌可危。

屡劝吴王杀勾践，但吴王听信太宰嚭的谗言，反而赐剑让伍子胥自刎，并把他的尸体投入江中。伍子胥死后发怒而掀起了钱塘江潮。

传说毕竟是传说，其实，潮汐是一种自然现象。潮水的涨落是海水受月球和太阳的引潮力和地球自转所产生的离心力共同作用引起的。每年的春分和秋分日，地球同太阳、月球的位置，差不多成为一条直线，月球和太阳对地球上海水的引潮力就特别强，形成大潮。那么，钱塘江潮为什么比别处的江潮更壮观呢？原来，钱塘江入海口的杭州湾呈喇叭形，外宽内窄。涨潮时，海水从宽达100千米的江口涌入，当进入窄道（最窄处约3千米）时，水面便迅速升高，成为涌潮。而此时，钱塘江水因受潮水阻挡而排泄不出，更助长了水位的抬升。此外，钱塘江口还横亘着一条巨大的沙坝，潮水受它的阻挡，速度减慢，而后面的潮水又迅速涌来，一浪高过一浪，不断叠加，使潮头越来越高。而且，在秋分前后，这一带还常刮东南风，风向与潮水方向大体一致，这也助长了潮水的势头。这也是秋分潮比春分潮（此时盛吹的西北风，减弱了潮势）更加壮观的原因。

钱塘江涌潮的动力极大，据1968年一次大潮实测，涌潮流速达12米/秒，潮头高2.5米，具有极大的破坏力。1953年的一次大潮中，潮水涌上高出江面8米的石塘，将1500千克重的"镇海铁牛"推移了10多米。1971年8月12日的一次大潮中，萧山九号坝附近30多块各重1600千克的混凝土块体，被潮流冲到二三百米远的上游。

雷神之水

在世界知名的大瀑布中，最为人熟知，也最吸引游客的，是位于加拿大和美国之间的尼亚加拉河上的尼亚加拉瀑布，它每年都吸引了数以千万计的游客前往观光，是世界上最具"人气"的大瀑布。

尼亚加拉河是伊利湖和安大略湖之间的一条水道，长仅 57.6 千米，是美国纽约州和加拿大安大略省的界河。尼亚加拉河从伊利湖流出时，河面宽达 240~270 米，水流平缓，及至中游的尼亚加拉陡崖处，形成 50 多米的湖面差。当汹涌澎湃的河水流经陡崖时，垂直下泻，形成一个气势磅礴的自然景观，这就是尼亚加拉大瀑布。

尼亚加拉瀑布总宽度为 1240 米，平均落差 51 米。瀑布中间有一个 350 米宽的长形岛屿——山羊岛，把瀑布分成东西两部分。东边的叫美利坚瀑布，宽 305 米，落差 50.9 米，在美国境内；西边的呈弯曲的弧形，中间凹陷，形如马蹄，因此叫马蹄瀑布，它宽 914 米，落差 49.4 米，在加拿大境内。瀑布的总水量平均为每秒 6700 立方米左右，其中流经马蹄瀑布的占 90% 以上。这样多的水从 50 米高处跌

阿根廷伊瓜苏瀑布的水流可谓世界之最，大约有 275 股，形成这一现象的原因是其水道中有许多岩岛，使水流散开形成了许多小瀑布。

尼亚加拉瀑布，宽度达 1240 米，落差达 50 多米，爆发
出雷鸣般的巨响，被当地的印第安人称为"雷神之水"。

落谷底，爆发出雷鸣般的巨响，在十几千米之外都能听到巨大的水声。在很
久以前，当地的印第安人就给它取了一个响亮的名字——尼亚加拉，意思是
"雷神之水"。

在世界著名的大瀑布中，尼亚加拉瀑布的宽度和落差都不算突出，但它
也有自己的特点：水量大，而且异常稳定。这一优点虽然能让人们常年看到
它壮美的风姿，但也带来了一种副作用——其瀑布崖壁经常发生崩坍，单是
大规模的崩坍每隔几年或十几年就发生一次。

如 1934 年 8 月 13 日，尼亚加拉瀑布的崖壁上几千吨重的岩石随着瀑布坠落而下，就像发生地震一样使邻近地区受到震撼。造成崩坍的原因在于，瀑布下的基岩上部是较硬的石灰岩，下面是较软的页岩，在强大的水流长期冲击以及沙石不断摩擦下，基础被淘空，最后造成上部基岩崩坍。

也许有人会问，这样长期地崩坍下去，瀑布不是会逐渐向河流的上游倒退了吗？事实也确实如此，在尼亚加拉瀑布问世的 1 万多年间，它已后退了12 千米，目前仍以每年约 1 米的速度向后退。

瀑布飞流直下，击打着高低不平、石质不一的河床，
"奏响"了一首"美妙的乐曲"。

瀑布奇观

　　"日照香炉生紫烟，遥看瀑布挂前川，飞流直下三千尺，疑是银河落九天。"这是我国唐代大诗人李白描绘瀑布奇观的一首千古绝唱。千百年来，壮观美丽的瀑布以其动人的风姿吸引了无数人的目光，是人们最喜爱的自然景观之一。

　　瀑布中有壮观的"伟丈夫"，也有柔弱的"美少女"。我国湖南张家界的一条涓涓细流，轻柔地注入山中绿树环绕的小潭中。

银丝般的瀑布像少女柔软的头发

全世界的瀑布大约有几千个，从高度和宽度的对比来说，可以分为高瀑布和宽瀑布两种。其中落差超过 100 米的有 131 个，超过 500 米的有 14 个。人们一般把莫西奥图尼亚瀑布、伊瓜苏瀑布、安赫尔瀑布和尼亚加拉瀑布并称为世界四大瀑布。

在非洲赞比亚和津巴布韦交界处的非洲南部最大的河流赞比西河上，有一个世界著名的大瀑布——莫西奥图尼亚瀑布。"莫西奥图尼亚"是当地非洲人给大瀑布取的名字，意思是：声若雷鸣的雨雾。整个瀑布呈"之"字形，绵延 97 千米，其主瀑布宽 1690 米，落差 122 米。瀑布下面谷底，是个深潭。当每秒几千立方米的水，从 100 多米的空中落入深潭中时，发出震耳欲聋的轰鸣，十几千米以外都能听得见，它所激起的浪花和水雾非常浓密，被风吹扬到几百米高空，甚至把瀑布完全遮盖起来。关于这奇妙的景象在当地还有一个美丽的传说。相传在瀑布的深潭下面，有一群如花似玉的漂亮姑娘，她们日日夜夜敲击非洲的金鼓，这鼓声就是人们日日夜夜听到的瀑布发出的轰

莫西奥图尼亚瀑布是世界上最大的瀑布之一，位于赞比亚和津巴布韦之间的赞比西河上。莫西奥图尼亚瀑布最宽处达 1690 米，河流跌落处的对面有一道悬崖，两者相隔仅 75 米，水在悬崖下形成一个名为"沸腾锅"的巨大旋涡，然后顺着 724 米长的峡谷流去。

鸣声。姑娘们总是一面击鼓，一面跳舞，欢快的舞步溅起了千姿百态的水花，于是就有了蒙蒙的雨雾。

经考察，莫西奥图尼亚瀑布形成的原因在于，该地属东非裂谷带的一部分，由于火山喷发，熔岩四溢，阻塞河道，赞比西河从熔岩形成的坎上倾泻而下，于是形成了这庞大的瀑布。

南美洲是盛产瀑布的地方。世界上最宽的伊瓜苏瀑布就位于巴西和阿根廷两国交界处的伊瓜苏河下游。

当伊瓜苏河从巴西高原的辉绿岩悬崖陡落入巴拉娜峡谷时，形成 275 股大小瀑布，组成"系列式"瀑布奇景。其中最大的一个瀑布群叫"鬼喉瀑"，位于河的正中，其南北两翼各有一个小的瀑布群，分别位于巴西和阿根廷境内。雨季时，河水增大，大小飞流又合而为一，"会师"成大瀑布，连成一道宽达 3.5 ~ 4 千米、落差达 60 ~ 82 米的马蹄形大瀑布。其雷鸣般的跌落声远及周围 25 千米，溅起的珠帘般的雾幕高达 30 ~ 150 米，在阳光照射下形成无数光怪陆离的彩虹，蔚为壮观。其瑰丽的景色被誉为南美洲第一奇观。

"伊瓜苏"一词是当地土著居民瓜拉尼人的语言，意思是"大水"。关于伊瓜苏瀑布，在瓜拉尼人中有一个传说：古代一位酋长的女儿爱上了一位聪明英俊的青年，但酋长嫌这青年家境贫寒，不同意把女儿嫁给他。酋长的女儿万般努力仍不获准，于是挥泪投进伊瓜苏河，

莫西奥图尼亚瀑布正面图

委内瑞拉玻利瓦尔的安赫尔瀑布是世界落差最大的瀑布。瀑布从近 1000 米高的断崖处直泻而下，真让人惊心动魄。

以示对爱情的矢志不渝。她洒下的眼泪顿时化做滔滔洪水，直泻而下，成为终年飞流的瀑布。

世界上落差最大的瀑布也位于南美洲，它就是委内瑞拉境内卡尔奥河支流上的安赫尔瀑布。安赫尔瀑布之水分两级跌落。瀑布第一级连续坠落的垂直距离达到 807 米，这以后它顺着一层层的山坡继续奔流，又形成了 172 米的第二级瀑布，上下的总落差竟达到 979 米。

安赫尔瀑布隐藏在峡谷的密林中，陆地上根本无路可通，因此长期以来一直不为人所知。美国飞行员吉姆·安赫尔在 1937 年 10 月 9 日的一次飞行中因飞机失事坠机而偶然发现了它，这个世界最高的大瀑布从此也就以安赫尔的名字命名，以纪念这位发现者。

神秘的的的喀喀湖

在南美洲秘鲁和玻利维亚两国交界处的安第斯山区，有一个世界闻名的高山湖——的的喀喀湖。它的面积约8030平方千米，平均深度为100米，最深的地方达304米，湖面海拔3812米，是世界上海拔最高的大型淡水湖。

的的喀喀湖是个构造湖，在第三纪时，它和安第斯山脉是同时诞生的。当安第斯山脉这个巨大的山系隆起时，局部的地壳发生断裂下陷，的的喀喀湖的湖盆就在这个规模庞大的构造盆地中。如今，这里的地壳仍在活动中，的的喀喀湖也随之发生细微的变化。

世界上有很多高山湖都是咸水湖，的的喀喀湖周围也分布着许多盐渍凹地，可是它的湖水却是淡水。为什么会这样呢？原来，的的喀喀湖的湖水主要是来自附近的雪水，水温也因此很低。

"的的喀喀"，印第安阿伊马拉语的意思是"野猫石"。在湖中有两个突

的的喀喀湖的湖面海拔3812米，是世界上海拔最高的大型淡水湖，湖心的小岛便是著名的"野猫石"。

图为的的喀喀湖的美景，背景是科迪勒拉山脉的壮丽山峰。

起在水面上的孤岛，岛上的岩石纹理很像野猫，据说的的喀喀湖便因此而得名。

　　的的喀喀湖地区是印第安文化的发祥地之一，湖中的太阳岛和月亮岛上至今还保存着被印第安人视为圣迹的金字塔和宫殿、庙宇等古建筑。12 世纪时，这里曾建立了一个声名煊赫、具有相当文明程度的帝国。在传说中，的的喀喀湖中的太阳岛和月亮岛就是印加帝国的缔造者曼科卡帕克父母的化身，是用金银凝结成的。在湖东南 21 千米处的蒂亚瓦纳科还保留着很多古迹遗址，其中最著名的是"雨神"维提科恰的石塑像和用一块巨石雕凿的太阳门（高 3.4 米，宽 4.5 米，厚 0.5 米，重约 100 吨）。

　　在的的喀喀湖区还生存着大量野生动植物，其中有一种世界上罕见的大青蛙，每只重 300 多克，肤色大多是浅灰色、绿色和黑色，它们喜欢潜伏在湖底，估计约有上千万只。

据说阿芝特克人是印加人的后裔，他们祖祖辈辈生活在的的喀喀湖附近。图为在祭祀仪式上盛装的阿芝特克酋长。

不沉的死海

死海位于阿拉伯半岛的巴勒斯坦、以色列和约旦之间的裂谷中，南北长80千米，东西宽5~18千米，平均深度为146米，最深的地方达395米。死海的水面比海平面低392米，是世界上陆地最低的地方。死海湖水的含盐度为一般海水的9倍，表层湖水的含盐度高达25%，深层湖水达30%。死海中的全部食盐，足够100亿人吃上800年。在含盐度如此高的水中，几乎没有任何生物能够生存，甚至连湖的四周也长不出树木花草，死海便因此而得名。

由于死海的含盐度高，盐水的密度很大，人在水中甚至不会下沉。关于死海的这种特性，还有一个有趣的传说故事。

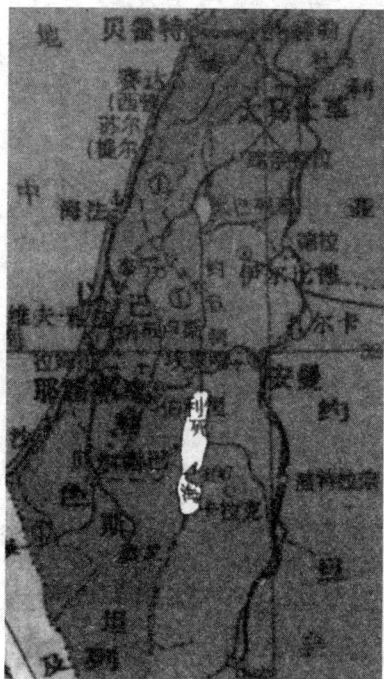

死海地理位置示意图

公元70年，罗马军队攻打耶路撒冷城，攻到死海附近时，统帅狄杜下令将战俘投到耶路撒冷城东边的死海里淹死。不料，这些俘虏投入水里以后，竟自己浮了起来，并被风浪送回岸上。执行死刑的军官将情况报告给狄杜，狄杜大怒，以为是军官说谎，就亲自去湖边监督行刑。当被绳索捆绑的战俘再次被投入水中后，他们很快又浮出水面，有的还在水面上翻身坐起来。看到这情形，狄杜以为是神灵在保佑他们，便不敢再坚持处死战俘，而下令赦免并释放这些战俘。

那么死海究竟是怎么形成的呢？原来，这里是著名的东非大裂谷的尖端最低处。在

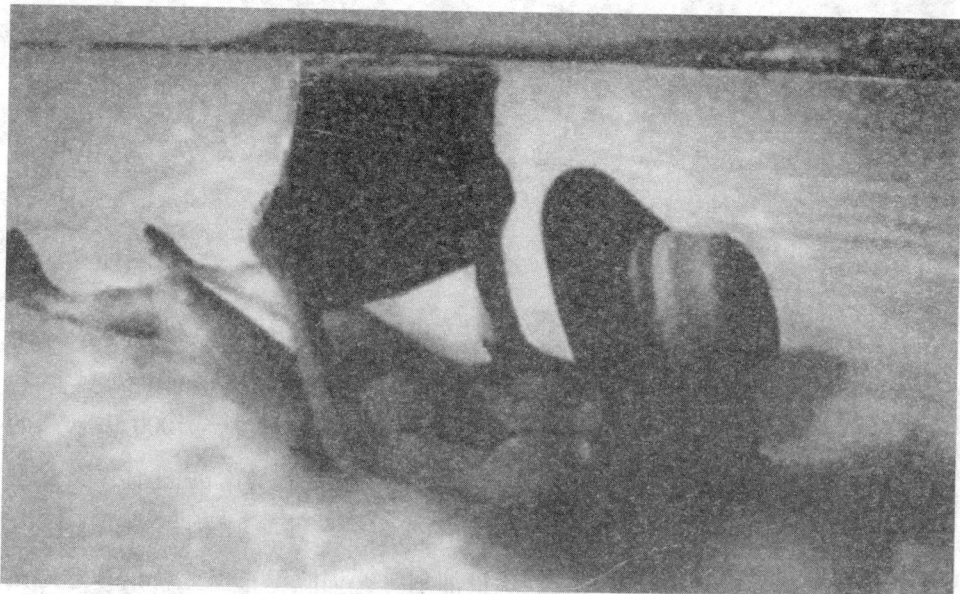

死海湖面低于海平面 392 米，是世界上最低的湖泊。在含盐量如此高的湖中，生物极难生存，湖中既没鱼虾等动物，也没有水草、芦苇等植物，连湖的四周也长不出树木、花草，湖区是一个毫无生气的荒凉水域，"死海"也因此而得名。由于湖水的密度很大，人在湖中游泳，和在地面上爬行差不多，人们可以躺在湖水中看报纸。

远古时代，由于剧烈的地壳运动，一部分海水被围在这个谷地中，再经过干热气候的强烈蒸发，日复一日，年复一年，海水越来越少，盐分越来越多，终于形成了现在这样一个大盐水湖。

死海湖畔的岩石上铺满了白花花的盐

死海周围，多是不毛之地，可是在离死海西岸不远的地方，却有一片植物繁茂的绿地——著名的隐基底绿洲。隐基底自古以来便是一个生机勃勃、草木繁盛的地方，早在 4000 年前就有人居住。在一片寸草不生的荒芜之地，隐基底不啻是一个世外桃源。

世界最深的湖

贝加尔湖的棕熊是捕鱼能手

在几千万年之前，强烈的地壳断裂活动，使西伯利亚高原南部形成了一条狭长的谷地，两侧壁立着 1000 多米高的悬崖断壁，世界上最深的湖泊、裂谷型湖泊的代表——贝加尔湖就这样诞生了。"贝加尔"一词源于布里亚特语，意思是"天然之海"。据考证，我国汉代著名的"苏武牧羊"即在此处。

贝加尔湖湖形狭长，湖长 636 千米，平均宽度 48 千米，面积 3.15 万平方千米。湖面海拔 456 米，平均深度 730 米，最深处达 1620 米，为世界湖泊的最深纪录。虽然贝加尔湖的面积仅居世界第八位，但由于深度大，蓄水量多

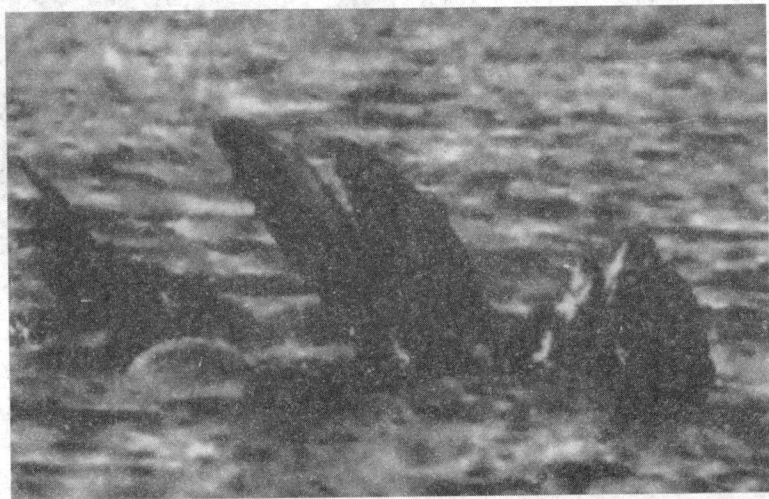

海豹在湖水中嬉戏

贝加尔湖像大海一样辽阔，湖中掀起的大浪拍打着岸边的巨石，发出隆隆的声响。举目远望，天水相连，不见边际。

达23000立方千米，相当于北美洲五大湖蓄水量的总和，比世界最大的淡水湖苏必利尔湖多一倍，比我国最大的淡水湖鄱阳湖多6倍。约占世界地表淡水总量的1/10，称得上是世界最大的淡水库。其蓄水量甚至超过了面积是它30多倍的波罗的海。那么，这么多的湖水来自哪里？据统计，注入贝加尔湖的河流大大小小共有336条，其中湖南的色楞格河独占入湖总水量的一半以上；而从贝加尔湖流出去的河流却只有湖西南的安加拉河一条，而且其每年排出的水量只是贝加尔湖总蓄水量的1/400。

贝加尔湖大量的湖水对湖滨的大陆性气候起着明显的调节作用，加之光照充足，所以湖区昼夜温差小，年内季节温差也小，冬暖夏凉。最热月、最冷月、结冰期、化冰期都比周围地区推迟一个月。冬天，湖面结冰，放出潜热，减轻了周围地区严冬的酷寒；夏初湖水解冻，又大量吸热，降低了沿岸地区的炎热程度，湖滨比周围地区温度要低6℃。但湖水本身却永远是冷的，甚至在最暖和的季节里，湖面水温也总在7℃~9℃。

贝加尔湖湖水还异常清澈，其能见度在世界湖泊中居首位。当春天来临，覆盖在湖面上的冰雪消融后，在湖面上可清晰地看到掷入湖中40米深处的白色圆板。原因在哪里呢？

贝加尔湖湖水的特点是含盐少，平均每千克湖水仅含100毫克盐，所以，使用此湖水的锅炉，几乎不会残留水垢。尽管每年都有大量泥沙经由众多河流流入贝加尔湖，但湖水仍能保持清澈。因为湖水中有大量的浮游生物，它们能够消化水中的矿物质和有机物质，并在光合作用过程中放出大量的氧。氧的活性极强，一年内可分解湖水中3/4的各种有机物。由于浮游生物——硅藻类的新陈代谢作用，贝加尔湖湖水的含硅率仅为流入河水的20%左右。如果没有这种生物滤清作用，只要经过60年的时间，湖水的含硅率就会与流入河水的含硅率相同。另外，湖水中生存有大量体长约为1.5毫米的小甲壳虫，这些小动物的新陈代谢活动也起了生物滤清作用。这样，一年内可滤清50米深的表层水的1/3。

虽然贝加尔湖湖水又清又淡，但是这里却生活着许多地地道道的海洋生物：海螺、海豹、龙虾、海绵等。在世界上的淡水湖中，只有贝加尔湖里能见到那种1米多高的海绵。海绵在湖底长成浓密的"丛林"，数不清的外形奇特的"贝加尔龙虾"就躲在密密的"丛林"里生存繁衍。著名的"贝加尔沙鱼"是一种玫瑰色半透明的深水小鱼，鳍像大蝴蝶的翅膀，身体的骨骼清晰可见。它没有鱼鳞，不产卵，而直接由大沙鱼胎生，母鱼产后很快就死去。这种沙鱼仅仅产在贝加尔湖，世界上其他任何地方，都寻不到它的踪迹。还有一种奥木尔鱼，它几乎与海洋里的鲑鱼一模一样。

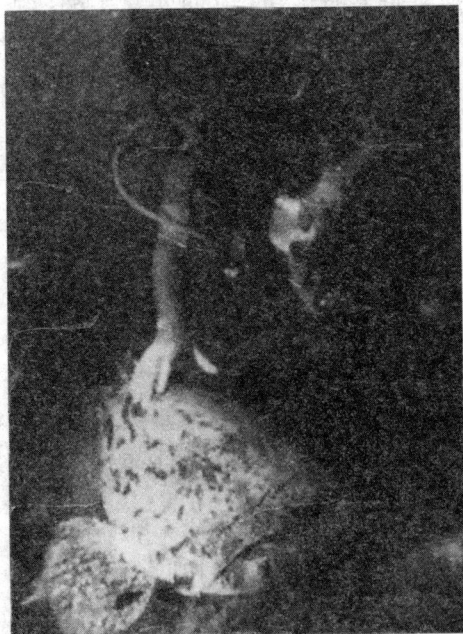

据统计，贝加尔湖中共有600种

贝加尔湖位于俄罗斯东西伯利亚南部，中国古代称它为"北海"。因为它是地层断裂陷落后形成的，所以特别深，最深处达 1620 米，平均深度 730 米，是世界上最深的湖泊。湖中除生长着一般湖泊中常见的生物之外，还生活着奥木尔鱼、海螺、贝加尔海豹等海洋生物，这是贝加尔湖与众不同的显著特点。

植物和 1200 种动物，其中约有 64％为该湖所特有的。而另外一些生物，有很多在西伯利亚的其他江河湖泊中都找不到，只有到相隔万里的热带或亚热带的个别地方，才能发现它们的同种或近亲；要不然，就要到几千万年甚至几亿年前的地层里，才能发掘到它们的化石。例如，贝加尔湖中有一种藓虫类动物，它的近亲却生活在印度的湖泊里；有一种水蛭，除贝加尔湖外，只在中国南方的湖泊里才能见得到；还有一种蛤子，除贝加尔湖外，只生存在巴尔干半岛的奥克里德湖里。

所有这些，使贝加尔这个神秘之湖成为一个诱人的自然奇观。

南极暖水湖

南极是世界上最寒冷的地方，那里绝大多数地方都被 2000 多米厚的冰雪覆盖着。可是在这样一个冰天雪地的世界里，竟然有好几个不结冰的湖泊。比如南极干谷里的唐·胡安塘湖，由于它的湖水奇咸，即使在 –70℃ 的低温下，湖水也不结冰。而南极东部的翁塔西湖，由于湖面水的蒸发速度大大超过冰雪的结冰速度，所以也不结冰。

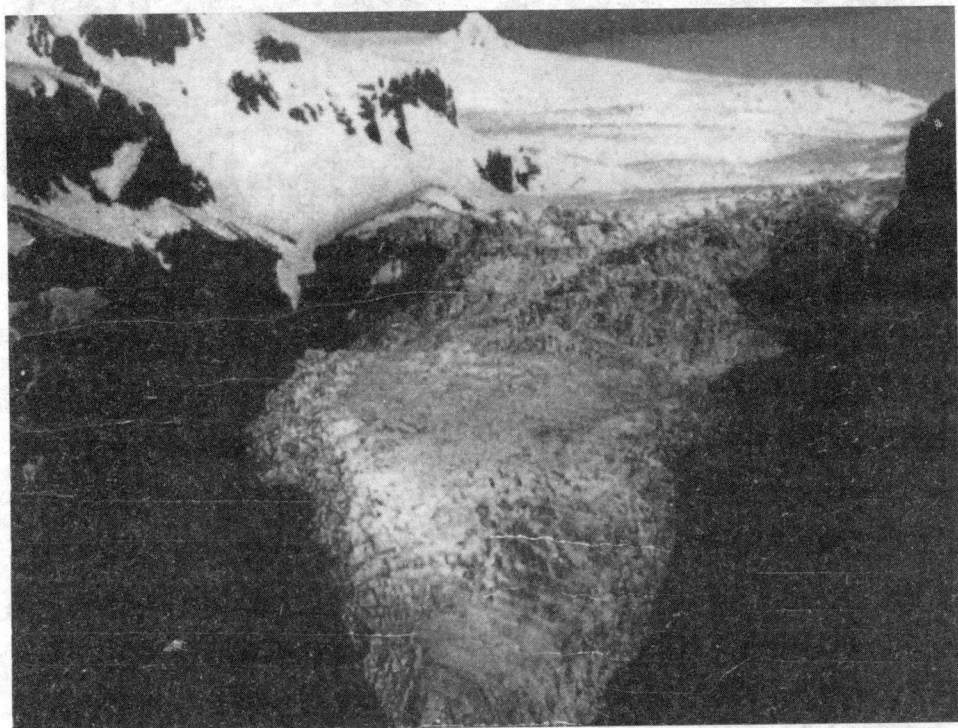

北极也有类似南极的地貌。瓦特纳冰原是冰岛最大的冰冠，占地达 8420 平方千米，相当于该国面积的 1/12。令人感到奇特的是冰下之物，在巨大的冰帽之下，分布着熔岩流、火山山口和热水湖。

在南极瓦塔湖上漂浮的雪盖下，流淌着湖水，可称为一奇。

此外，还有一种仅仅是湖面结冰的暖水湖，其中最著名的是地处莱特冰谷里的瓦塔湖。瓦塔湖面积约 13.6 平方千米，它的湖面常年被三四米厚的冰层覆盖着，但是冰层以下的湖水却终年不冻，而且随深度增加，湖水温度迅速上升。在冰下 60 米深处有一层盐分饱和了的盐水层，水温接近 27℃，比湖面冰层的平均温度高约 50℃，人们形象地把它比做南极的"热水瓶"。

该怎样解释这一奇特的现象呢？

众所周知，由于太阳辐射先到达湖水表面，一般情况下湖水的温度是随深度增加而降低的。而瓦塔湖恰恰相反，随着深度的增加，湖水的温度却不断升高。于是人们做出了种种猜测。一些人认为，湖水可能是被从湖底涌出的温泉加热的；另一些人推测说，一股从地壳深处流出的岩浆流烤热了底部湖水；第三种意见认为，湖里在发生某些不可知的化学反应而释放出热量。

1973 年，由美国全国科学基金会以及日本和新西兰的有关组织发起了一项"千谷钻探计划"。这一年的 11 月，钻探者打孔穿过瓦塔湖的冰和水，一

考察船破开坚冰，探索南极的奥秘。

直钻进湖底取出岩心，发现湖底的水很暖，但水下的岩层却很冷，这就否认了地热从下面加热湖水的说法。由于在取出的岩心中找到了水生物的化石，表明这里曾是海洋峡湾的一部分，现在的咸水，可能就是那时候遗留下来的。

南极瓦塔湖上漂浮的冰山

前苏联的地质矿物学博士弗罗洛夫认为，瓦塔湖里的温水可能是被太阳晒热的。瓦塔湖水非常清澈，看不到任何微生物群和悬浮分子，湖面由于刮大风和强烈的蒸发而没有积雪。太阳的短波辐射可以不受任何阻碍地透过清澈透明的冰和水，好像穿过温室玻璃一样，将湖底烤得如同湖四周的岩壁一样灼热。而从湖底反射的长波辐射，几乎全部被湖水所吸收，将湖水从下至上烤热。湖面的冰层能像棉被一样阻挡湖水热量的散逸，底层湖水的热量也不会因对流而丧失。这个湖紧挨冰层的下面有一层淡水，再下面的水就变成咸水，而且含盐最随深度加大而增加，其湖底的湖水含盐度要比海水高出10～15倍。水的含盐量越高，密度越大，也越重。上层淡水即使是冷的，也比下面热的咸水轻，根本不会有热对流运动，所以下面的水永远是热的。

然而，弗罗洛夫的观点也并不完善，人们仍然存在不少疑问。比如，厚厚的冰层究竟能透过多少阳光？在经过没有日出的长达半年的极夜之后，瓦塔湖为什么还能保持这样高的水温？而在半年的极昼期，瓦塔湖不断吸收太阳辐射，为什么水温并没有无限制地上升？

世界上最圆的湖

在非洲西部的加纳共和国，有一个独具特色的天然湖泊——波森维湖。这个湖泊外形非常之圆，仿佛是用圆规画出来的一般，被认为是世界上最圆的湖。湖内四周向中心陡下，中心点最深达 70 多米。湖面直径 7000 米，水平如镜，洁净晶莹，景色宜人。人们在欣赏它的美景之后，心中常常会产生这样一个疑问：这是人工开凿的圆湖，还是大自然的神奇杰作？为什么它圆得如此神奇，又陡得恰到好处？

用人工挖这么大一个圆湖是不可能的，谁会兴师动众挖掘这样一个人工湖呢？何况 7000 米直径的一个大圆，就是现代的科学技术水平，也不能保证这个圆周上不出凸边。难道是火山喷发留下来的火山口？地质学家通过考察，发现这一地区在地质史上从来就没有过火山活动的记录。

是构造湖吗？也不像，因为构造湖是地壳构造运动引起断裂、凹陷，形成裂谷、洼地，积水而成，其特征是深度大、岸坡陡、湖形常呈带状。波森维湖显然也不属此类。

科学家们只好假设，圆湖是在地球没有大气层保护的原始阶段，陨石坠地爆炸形成的。那么要炸成这个圆湖，坠落的陨石要多大呢？根据计算，它

加纳的波森维湖远眺

的直径起码得 3 千米，飞行速度要达到每秒 20 千米，才有可能炸出这么大的坑。事实上，地球上至今还没有发现过如此巨大的陨石。据目前世界上已有的记载，人类发现的最大陨石，是 1976 年吉林陨石雨中最大的一块。这块陨石重 1700 千克，它坠落到地球上，才炸出一个直径 2 米多、深 3 米的小坑。

看来，圆圆的波森维湖不但是一个独特的自然奇观，也是一个难解的自然之谜。

地质奇观沥青湖

在特立尼达和多巴哥共和国的特立尼达岛最南端的拉布里亚，有一个面积0.36平方千米的奇特的湖泊，让人惊讶的是这个湖泊中装的不是水，而是天然的沥青。湖面看上去黑糊糊的，干硬的沥青凝固成各种形状。有的像活蹦乱跳的小动物，有的像当地常见的巨型仙人掌，有的像放大了的盆景，等等。这些奇特的造型，更为沥青湖增加了一种神秘感。

据说，沥青湖最早是由一位名叫沃尔特·雷利的英国探险家发现的。1595年，他乘船航行到特立尼达岛南海岸时，发现从岸边沙地里流出一种黑色的物质。当他把这种物质涂抹在船体裂缝上后，发现它起到了良好的防水渗漏作用。他高兴万分，便将这一发现记在航海日记里。从此欧洲人知道了这里有个储量巨大的沥青湖，并在19世纪以后对它进行了掠夺性开发。其实，早在这之前许多年，当地印第安人就发现了沥青的妙用。前些年，考古学家在当地发掘出一座被掩埋在地下的村庄，研究后发现居住在这里的印第安人早在1000多年前就开始用沥青生火取暖。应该说他们才是沥青湖最早的发现者，而沃尔特·雷利只不过是最早对沥青湖进行文字记载的人。

沥青湖中的沥青，受太阳热烤后，质地变硬，人可在上面行走。

虽然经过多年开采，可沥青湖的湖

这是一片盐沼地，在强烈的阳光蒸发下，地面布满了盐渍。

面几乎没有降低，在湖中心仍在源源不断地涌出黏稠的沥青。为什么会这样呢？

随着科技的进步，科学家们对该湖进行了更深入的考察。现已查明，该湖的形成是由于远古时代的地壳变动，造成岩层破裂，于是地下石油和天然气涌溢而出，长期与泥沙等物化合而形成沥青，后来在海床上逐渐堆积和硬化。之后地壳运动使其上升到地球表面，形成今天的沥青湖。沥青湖最深处约83米，蕴藏量为1200万吨，是世界上最大的天然沥青储藏地。

奇湖怪泊

有人把湖泊比做镶嵌在大地上的明珠。全世界湖泊总面积约250万平方千米。最大的湖泊黑海，浩瀚如海洋，人们以"海"名之；最小的湖泊面积还不到1平方千米。在这些形形色色的湖泊中，有一些特殊的"另类"，我们称其为"奇湖怪泊"。

三色湖

三色湖位于印度尼西亚佛罗勒斯岛上的克利穆图火山顶，由三个不同颜色的火山湖组成。它们彼此相邻，湖水颜色各异。其中较大的一个湖水呈鲜红色，另外两个，一个呈乳白色，另一个呈浅蓝色。每当中午时分，三色湖的湖面轻雾缭绕，好似笼罩着薄纱，格外迷人。据记载，三色湖是因很久以

玻利维亚的乌尤尼盐沼是世界上最大的盐湖。在盐沼上，盐呈青瓦状隆起，似蜂巢般向外延伸。

前克利穆图火山爆发而形成的。呈鲜红色的湖水中含有铁矿物质，呈浅蓝色和乳白色的湖水中含有硫黄。

五层湖

在俄罗斯巴伦支海的一个小岛上，有一个世界上罕见的"五层湖"。湖水层次分明，各具独特的水质、水色和生物群，因而构成一个绚丽多彩的湖中世界。最上层是淡水层，这里生活着种类繁多的淡水生物。淡水层下则是咸淡混合水层，这里生活着咸淡"两栖"生物，如水母、虾、蟹和一些海洋生物。第三层是咸水层，这里生活着星鱼、鳗鱼等。水色最美丽的是第四层，这层湖水颜色红艳，宛如新鲜的樱桃汁液；这里没有大的生物，只有种类不多的细菌，它能吸收湖底产生的硫化氯气体作为自己的养料。第五层是由湖中各种生物的尸体残骸混合泥土而成，经常产生剧毒的硫化氢气体。

咸淡各半的湖

中亚的哈萨克斯坦共和国东部，有一个长弧形的湖泊，西部为淡水，而东部为咸水，这就是有名的巴尔喀什湖。湖的西部有源自我国新疆的伊犁河

图为班公错湖远景，湖水咸淡各半，极为神奇。

俄罗斯乌拉尔地区著名的甜湖，湖心岛上的树木长得郁郁葱葱。

等河流注入，因而湖水为淡水；而东部没有什么大河注入，因而湖水为咸水。

我国西藏西部与克什米尔之间的界湖——班公错湖，也是咸淡各半的湖泊。

甜 湖

在俄罗斯的乌拉尔地区，有一个甜湖。湖中的水带有甜味。当地人都爱在甜湖里洗衣服，因为不用肥皂也能把衣服上的油污洗掉。如果经常在湖中

这个小石潭中的水温常年保持在50℃左右

土耳其的帕穆克卡莱温泉，水温 37℃，从地下汩汩冒出，经过一系列阶地像瀑布般落下。这些阶地均由泉水带来的碳酸钙形成，每个阶地中都有一个水池，是心脏病、皮肤病和风湿病患者的矿泉疗养地。

洗浴，还能治疗风湿病。

据科学家分析，甜湖的水呈碱性，含有大量的苏打和氯化钠。苏打是带甜味的，所以湖水发甜。由于两种化合物按一定比例混合在一起，因而具有特殊的功效。

热气腾腾的沸湖

在加勒比海的多米尼加岛上，有一个湖泊像一锅煮沸的开水，整个湖面热气腾腾。用线串着生食物放进湖水里，一会儿就煮熟了。有时候，从湖底还会喷出一股股灼热的蒸汽，冲出湖面高达 2 米多。这个湖长 90 米，宽 60 米，面积 5400 平方米。经地质学家分析，这个沸湖可能是一个古老的火山口，湖底下的岩层断裂处直通深处，深层的灼热蒸汽不断沿湖底岩层断裂处向上冲涌，使湖面长期保持热气腾腾。

磷光闪闪的火湖

在漆黑的夜晚，到北美洲大巴哈马岛上的一个湖里去划船，船桨翻动，激起的不是白花花的波浪，而是一簇簇耀眼的火花。当地人称这个湖为火湖。

火湖其实是岛上的一个淡水湖，由于自然环境优越，湖里长满了一种叫"甲藻"的水生物，它富含荧光酵母。船桨划动，被搅动了的"甲藻"便随桨露出水面，发出一簇簇闪闪磷光，在夜晚的湖面特别耀眼。

波涛翻滚的岩浆湖

尼拉贡戈火山已停止喷发，但其圆形的火山口内还积聚着大量高温岩浆，湖面波涛翻滚，有如开炉的钢水，轰鸣咆哮之声在火山口回荡，灼热的烟雾使火山口上空终年雾气腾腾，成为举世奇景。

岩浆湖的形成，说明尼拉贡戈火山尚未停止活动，岩浆通道中熔融的岩浆还在上涌，因其压力减小，仅维持在火山口内活动。密度较小的气体还能冲出火山口，与周围湿冷空气混合而形成雾气。

时令湖

在澳大利亚中部有一个埃尔湖。1832年，一个勘探队发现那里是一个积有厚厚一层盐的盆地。1860年，另外一个考察队发现那里变成了一个大盐湖。第二年，考察队再次来到这里时，却发现湖水奇异地消失了。据说这是一个时令湖，每隔3年就要周期性地消失一次。

在澳大利亚还有一个乔治湖，位于堪培拉与悉尼之间。从1820年到现在，这个湖奇怪地消失了5次，又重新出现了5次，最后一次消失发生在1983年。

这种时隐时现的湖在我国广西阳朔县也有一个，叫犀牛湖。1988年9月30日，犀牛湖清澈的湖水一夜之间消失得无影无踪。据当地县志记载，这种湖水消失现象大约每隔30年就要发生一次。

对于湖水周期性消失的现象，科学家们做了多年的研究。有的人认为，

澳大利亚的埃尔湖是个典型的时令湖。图为湖水消失后的湖底。

这些时令湖，水源主要是河水和雨水，如果当年雨量少，水分大量蒸发，便会干涸，因而会时隐时现。

杀 人 湖

在喀麦隆有 30 多个高原湖泊，其中，数尼尔斯湖最为著名，它有一个令人谈"湖"色变的绰号——杀人湖。

1986 年 8 月 21 日，一场暴雨即将来临，尼尔斯湖在暗淡的星光下荡漾着波浪。突然，一股巨大的气柱神话般地从尼尔斯湖中升起，继而弥漫开来。

烟云流泻到山谷低处，那里的村庄被这邪恶之云所覆盖，近 2000 人死于毒气之中。

10 亿立方米毒气的释放使湖面急剧下降。以往清澈美丽的尼尔斯湖被从湖底涌上来的铁氧化物——氢氧化铁所污染。

这起罕见的自然灾难令科学家们迷惑不解：到底是什么气体从湖中喷出？

喀麦隆"杀人湖"鸟瞰。湖面上经常散发出有毒的烟雾。

美国一些科学家认为，多年来，二氧化碳从地球深部的熔岩中释放出，渐渐溶入湖底深层。由于湖水的压力，气体不易上升到湖面。经过漫长的岁月，深水层的二氧化碳渐渐上升，并且因受到某种激发而迅速涌向湖面，10亿立方米的毒气像"囚禁在小瓶中的魔鬼"一样被放了出来，因而在瞬间酿成了一场毒气喷发致使近2000人死亡的灾难。

无独有偶，在意大利西西里岛上也有一个面积不大的死亡之湖。湖中无任何生物生存，连偶尔失足掉进湖里的动物，也会被湖水杀死。真是名副其实的死亡之湖。

这个死亡之湖的湖底有两个奇怪的泉眼，终年不断地向湖中喷出腐蚀性很强的酸性泉水，使得湖水变成强酸性水，任何生物都会望而却步。

咕噜作响的湖

在我国台湾省高雄市西北方的燕巢，有一个昼夜咕噜作响的养女湖。

在养女湖地下几千米深处，埋藏着大量的天然气和石油。地下深处的气体不断聚积，压力增大，便循着岩层断裂缝隙上涌，带着泥浆和油、水冲出地面四散外溢而咕咕作响。养女湖呈圆形，直径约6米，喷发剧烈时可达10米左右。以面积大小而论，养女湖连潭、池也够不上，仅是个小小的喷泥塘。

三、神奇的谷与岛

珊瑚海和大堡礁

澳大利亚港口城市布里斯班东北，有一块著名的海域——珊瑚海。珊瑚海西部的大堡礁，则是世界上最大的珊瑚群。

珊瑚海是世界上最大的边缘海，面积约 480 万平方千米。它的西部紧靠澳大利亚大陆，北边是伊里安岛和所罗门群岛，东缘是新赫布里底群岛，南面与塔斯曼海相接。

科学家潜入海底，研究珊瑚群生成的秘密。

　　珊瑚海是一个典型的热带海，每年 12 个月的月均水温为 23℃～28℃，而且海水洁净，含盐度低，非常有利于珊瑚虫的生长。这种自然条件，使其辽阔的海域内布满了无数珊瑚岛礁，高的露出海面，海拔上百米，但更多的是未露出水面的暗礁。珊瑚海的名字，便是因此而来的。

　　大堡礁从澳大利亚东北的约克角沿着东海岸延伸，全长 2013 千米，最窄处不到 20 千米，最宽处达 240 千米。它在澳大利亚东海外，构成一座天然防波堤。

　　那么，大堡礁是怎样形成的呢？原来，壮观的大堡礁的营造者，不过是一种微小的腔肠动物——珊瑚虫。珊瑚虫外形小巧，色泽艳丽，但是对生活

英国科学家查尔斯·达尔文最先提出环礁是一种堡礁，它在岛屿周围呈环状向上生长。如果岛屿沉没海中，环礁仍可露出海面。博拉博拉岛像一颗镶嵌在南太平洋蓝色海面上的珍珠，它正在沉没，但周围的环礁将使它"芳容永驻"。

条件要求非常苛刻：海水温度不低于18℃，年水温差不能超过7℃，海水含盐度最好在35‰左右，并且必须水质清洁。它一般生活在浅水海底的石灰质高地上，从海水中摄取食物，消化之后，就分泌出石灰质。老珊瑚虫死去之后，其遗骸和石灰质混合在一起，新的珊瑚虫继续在其上面成长。这样一代一代地沉积下来，珊瑚群体不断向四方伸长，越长越大，最后形成了巨大的珊瑚礁群。据科学家考察，大堡礁最古老的部分已有3000多万年的历史，珊瑚体厚度达200多米。

构成大堡礁的珊瑚丛五颜六色，有红的、粉的、绿的、黄的、紫的……据不完全统计，其颜色多达350多种。这些珊瑚丛的造型也形状各异。有的像孔雀开屏，有的像梅花绽放，有的像繁茂的绿树，有的像扭动的长蛇……所有常人能够想象到的造型，这里几乎全都能见到。

在大堡礁的珊瑚丛中，还游弋着大量稀奇古怪的海生动物，其中有许多色彩比珊瑚还要鲜艳，比如仿佛涂上了广告色的满身条斑彩带的隆头鱼，像蝴蝶一样艳丽多彩的蝴蝶鱼。这些鱼还会变色，当与同类雌鱼（或雄鱼）相遇时，它们身上的颜色会变暗，以便相互接近；在它们休息时，也会褪去鲜艳的色泽，就好像脱去华丽的外套，换上一条朴素的睡衣。

奇异的加拉帕戈斯群岛

加拉帕戈斯群岛位于距南美洲厄瓜多尔西海岸 800 多千米的太平洋上，赤道横穿其中。该岛是海底火山喷发形成的，到目前为止形成的时间还不到 300 万年。据统计，加拉帕戈斯群岛共有大、小喷火口 2000 个，几乎每个岛上都有火山，这些火山高低不同，最高的海拔为 1700 米。在很多圆锥形的火山口上还积满了水，成为亮晶晶的火山湖。

为什么加拉帕戈斯群岛的火山如此之多呢？原来，该群岛正好处在三个地壳板块的接缝处，太平洋板块不断向西移动，东北面和东南面分别是两个大陆板块，它们也在向外移动。结果在接缝处就形成了巨大的海底裂谷和许

加拉帕戈斯群岛的一个小岛中心有一个圆圆的湖泊，它的形成显然是火山爆发的结果。

多小断裂，地球内部的炽热岩浆不断向上喷涌，于是就形成了这个火山群岛。通过航拍可以清楚地发现，加拉帕戈斯群岛一带陆上和海底的火山都相当有规律地排列在纵横交错的断裂线上，大约每隔35千米就有一座火山。

加拉帕戈斯群岛的自然环境非常奇特。虽然它地处赤道地区，可

图为生活在加拉帕戈斯群岛的陆生鬣蜥，它产生的时间要比岛的历史早得多。

是这里空气寒冷干燥，植物稀少，还有不少典型的寒带生物，呈现的完全不是那种林木繁茂、高温多雨的热带景象。为什么会这样呢？原来，在太平洋东南部有一条巨大的秘鲁寒流，它把南极洲附近的冷水源源不断地向北输送，加拉帕戈斯群岛正好位于这条强大的寒流中间，致使群岛温度偏低，降水很少，就是在沿海一带，气温也只有20℃左右，到山上就更冷了。奇特的自然环境，使这里的生物世界也与众不同。在加拉帕戈斯群岛，人们可以惊奇地看到成群的南极企鹅——要知道这可是在赤道线上。

长期以来，加拉帕戈斯群岛吸引了无数研究者的目光。1835年，英国生物学家达尔文进行环球旅行时，曾在该岛做过一些极为著名的野外观察，使它名声大震。

然而多年以来，生物学家一直在为加拉帕戈斯群岛生物进化的问题感到迷惑不解：为什么岛龄不到300万年的该岛上的生物进化得如此神速？以鬣蜥为例，在加拉帕戈斯群岛上生存着两种鬣蜥，一种是陆生的，一种是海生的，它们分道扬镳的时间距今已有1500万～2000万年，这比岛的历史早得多，根本没有足够的地质时期使其得以进化，原因到底何在？

千奇百怪的岛屿

大千世界，无奇不有，在地球上成千上万的岛屿中，岛的趣事，异彩纷呈。

肥 皂 岛

希腊的爱琴海中，有一个名叫阿斯安塔利达的小岛，岛上的居民从来不花钱买肥皂。洗衣服或洗澡时，随地拾起一块土块就可以当肥皂用。更有趣的是，一旦下雨，整个小岛便淹没在奇妙的肥皂泡里。人走在路上，一不小心很容易滑倒。

这是塞舌尔群岛中的蛋岛，也称石岛。整个岛屿就是一块凸出海面的大岩石。

蛋　岛

　　在塞舌尔群岛中，有一个名叫"蛋岛"的小岛，面积仅 40 万平方米，却是海燕的乐园。每年 7 月，是海燕繁殖季节，成批的海燕飞到海岛上，有人估算，这些"情侣"多达 175 万对。繁殖期一过，它们又双双远走高飞，留下了无数的海燕蛋壳。

龟　岛

　　在南美洲西部的太平洋海域内，有一个由七个小岛组成的小群岛，人称"龟岛"。龟岛上的龟又大又多，最大的二三百千克重，背上可以驮一两个人。这个岛上仙人掌遍布，据说龟就是靠吃仙人掌维持生命的。

旋　转　岛

　　西印度群岛有一个无人小岛，岛上被无名植物覆盖，处处是沼泽地。奇的是，这个小岛竟像地球一样自转，每 24 小时旋转一周。对这个奇妙的现象，人们至今无法作出科学的解释。

蜥蜴岛的形状如同一只正在爬行的蜥蜴，图中岛的近景是其头部，远处是高高翘起的尾巴。

蜥　蜴　岛

　　在塞舌尔群岛中，人们惊奇地发现了蜥蜴岛。岛上的岩石上、草丛中，爬满密密麻麻的蜥蜴。蜥蜴是一种爬行动物，俗称"四脚蛇"，身上有细鳞，尾巴很长，脚上有钩爪。

在这个面积只有 28 万平方米的小岛上，竟有数十吨重的蜥蜴。

鸟　岛

位于太平洋中西部沿岸的秘鲁钦查群岛由三个小岛组成，每小岛上都生活着几百万只海鸟，这些海鸟仅每天吃掉的小鱼小虾就达数吨重。每年可供开采的鸟粪也多达几百吨。

蛇　岛

在我国辽东半岛最南端旅顺港西北 25 海里的海上，有一个叫礁腊岛的小岛，面积不足 1 平方千米，可是这里憩息着 1 万多条蝮蛇，因此人们称它为蛇岛。

漂浮的"岛屿"在北冰洋上随处可见。这是一座大冰山在海洋中移动的图片，露出海面的只是其一小部分，大部分没入水中。这种漂浮的冰山是船只航行中最危险的"杀手"，"泰坦尼克"号就是被漂浮的冰山撞沉的。

漂移岛

在加拿大东部的大西洋上，有个叫塞布尔的小岛，它以每年100多米的速度向东移动。200多年来，它已经向东漂移了20千米。

在巴西福尔摩索湖里，也有一座漂移岛，它每年都从湖的一侧漂向另一侧，然后再沿原路返回，行程约15千米。100多年来，它一直这样"执著"地漂移着。

雷岛

位于南太平洋的印度尼西亚爪哇岛，在一年365天中，竟有200多天打雷。而且这里总是干打雷，不下雨，故被世人称为雷岛。

这是地中海上的一个"幽灵岛"，从1831年到现在曾数次出现，又数次消失，形迹诡秘，忽隐忽现。图为1963年它再度出现时，一位意大利海员拍摄的照片。

螃蟹岛

巴西北部沿海有一小岛，遍布螃蟹穴洞。每当月圆时，一对对螃蟹，双双翩翩起舞，节奏鲜明，富有韵律，蔚为壮观。

猫　岛

在浩瀚的印度洋中，有个名叫弗拉德若斯特的小岛，人们又称它"猫岛"。

1890 年，一艘货船在这个岛附近触礁沉没。幸存的水手来到岛上，并带来了猫。后来，水手们相继死去了，而猫却在岛上安了家，并且生儿育女，繁衍至今。现在，岛上已有 1000 多只猫，整个弗拉德若斯特岛成了猫的乐园。

猫们在岛上生活得并不容易，艰苦的生活使它们练就了一身高超的捕食本领。它们能在浅海中捕鱼捉蟹，猎取海洋软体动物。

图为螃蟹岛及悠然自得地生活在岛上的螃蟹

蜘　蛛　岛

在南太平洋的所罗门群岛中的一个荒岛上，生长着 1 000 多万只凶猛的蜘蛛，这些蜘蛛靠织网来捕获岛上的鸟类和小型动物为生。它们织的网黏性很大，猎物只要被粘住，很难逃脱死亡的命运。

香　岛

它在加勒比海上，岛上植物很茂盛，散发出豆蔻的香味，"香岛"也因此而得名。

海藻奇观

巨藻是海藻的一种，最长的超过 33 米，是世界上最大的海洋植物。它一般蔓延滋生在海中礁石的表面上。从海底到洋面，茂密繁盛，绵延不断。

英国著名科学家查尔斯·达尔文在那次乘坐"小猫兔犬"号轮船进行的著名的航海考察中，第一次看到巨藻群落后，感到非常惊讶，他这样写道："那些依赖巨藻生存的所有种类的水生动物，它们的数量大得惊人。我只能将这里的海下世界比做陆地上的热带森林。"事实上，把巨藻比做热带森林毫不过分。因为许多像鱼类、小的无脊椎动物这样的物种，往往把巨藻这一庞大

马尾藻海是船舶的"死亡之海"，船只陷入其中便不能自拔。海面上漂浮的植物主要由马尾藻和海冬青组成，以大"木筏"的形式漂浮在大洋中，它们可以通过分裂成小片，然后再继续独立生长的方式蔓延开来。

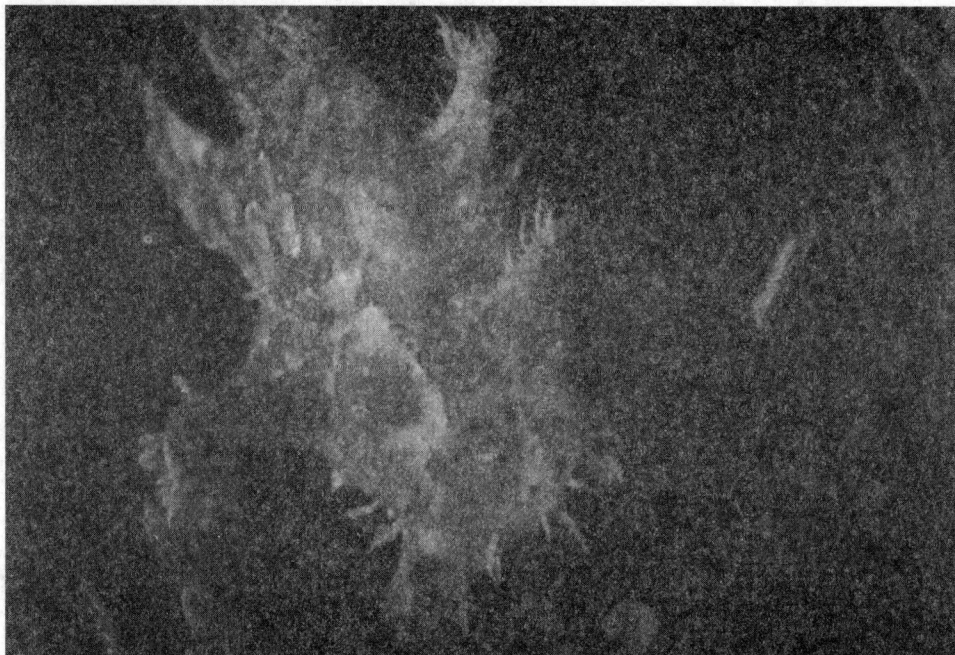

马尾藻海是裸躄鱼的栖息地，平时它隐藏在马尾藻中，伺机进攻其他的鱼类。

的立体结构当成隐蔽所，用以躲避天敌和湍急的水流。而其他物种，如海胆和鲍鱼等，则将巨藻作为主要食源。同时，藻林中这些海洋生命也吸引着其他物种，如海洋鸟类、海豹、海狮和海獭等。这里是它们能够轻易觅食的地方。

作为一种植物，巨藻的组成并不复杂，它的基部是根状结构，被称做固着器。和根不同，它不是专门用来汲取养分的。它的主要作用犹如船锚，将巨藻固定于海底。

固着器的顶端连接一个茎状的柄，这是巨藻的主干。在这根主干上生长着无数植物体，就像一根根绳条一样。在每个植物体上都长满无数的褶皱状的"叶"。在叶子的底部，也就是依附着柄的那一端，是一个充满气体的漂浮物。气体的主要成分是一氧化碳。植物体和叶子每天可以长 30 厘米，因此，巨藻是世界上生长最快的植物。

马尾藻也是一种常见的海藻，可是外形与众不同，呈自由漂浮的大团块状，就像一个漂浮在海里的大海绵。在北纬 20℃~40°，西经 35°~75°的北大西洋中，有一块面积达几百万平方千米的海区，那里布满了绿色的马尾藻，这个海区也因此被称做马尾藻海。远远望去，它好像一个茫茫无际的海上大草原。

马尾藻海被水手们称为"魔海"、"死亡之海"。它为什么会有这么一个可怕的称谓呢？原来，在航运和通讯技术不发达的古代，常有船只贸然闯入马尾藻海，被大量的马尾藻紧紧缠住，最后被活活困死。1492 年 8 月 3 日，意大利航海家哥伦布率领的一支船队，就曾在马尾藻海上遇险，经过了整整三个星期的艰难航行，才侥幸摆脱了危险。

和其他海藻一样，在马尾藻周围也活跃着很多生物，其中最奇特的要算马尾藻鱼。它的颜色与马尾藻相仿，当它穿梭在马尾藻丛中时，一般人很难发现。此外，它还有一个特殊的御敌本领——吞下大量海水，把身体鼓得大大的，使"敌人"不明所以，望而生畏。

世界最长的峡谷

　　每一个初次看到科罗拉多大峡谷的人，都会被这大自然的鬼斧神工所震撼。

　　科罗拉多大峡谷位于美国西部的亚利桑那州的凯巴布高原。它以小科罗拉多河为起点，全长 349 千米，宽 6～28 千米，最大深度 1740 米，平均谷深 1600 米。科罗拉多大峡谷是全长 2190 千米的科罗拉多河强烈的侵蚀切割形成的 19 个主要峡谷中最长、最宽、最深的一个，也是最著名的一个。

　　大峡谷南北两岸，怪石嶙峋，巨岩壁立。谷壁呈阶梯状，上部开阔，下部陡窄，谷底水平面的宽度一般只有七八百米。南北两岸高低不同，自然环

科罗拉多大峡谷险峻的地形地貌。这里曾是西部牛仔的天下。

死谷是一条贯穿美国加利福尼亚州东南部的沙漠槽沟。它是北美洲最热且最干旱的地方，它的最低点在海平面下 82 米，是全美洲海拔最低的地区。

境也迥然有异。南岸海拔 2100 米，年平均降水只有 300 多毫米，是一片荒漠景色；北岸海拔 2400 多米，年平均降水约 700 毫米，林木苍翠。

有人说，科罗拉多大峡谷是一个馆藏丰富的地质博物馆。从谷底向上，分布着各个地质时期的岩层。最早的是 13 亿年前的片岩和麻岩，还有砂岩、页岩、石灰岩、板岩和火成岩。不同时期的各种远古生物，在各个岩层里也留下了具有代表性的生物化石，从单细胞植物到石化了的木头，从鱼类到蜥蜴之类的爬行动物，应有尽有。同时，由于岩层中还含有不同的矿物质，因此它们会随着阳光的强弱、天气的阴晴、季节的不同而产生无穷的变化，使整个大峡谷显得五彩缤纷、气象万千。

此外，由于大峡谷的地层结构、质地、地质年代的不同，在河水的冲刷侵蚀下，形成了许多奇特的造型和景观。当地人按其各自的形态，给它们起了非常美丽的名字。如，"月亮神殿"、"阿波罗神殿"、"婆罗门神庙"、"天使之窗"、"光明天使谷"，等等。这些名字不但美丽，而且异常贴切，比如被冠名以"天使之窗"的，是位于峡谷南缘的山峰上的一个通天空洞。

不光景色奇绝，峡谷中的野生动植物也异常丰富。据不完全统计，在当地发现的动物已超过 400 种，植物则多达 1500 种。

那么，这大自然的奇迹是怎样产生的呢？原来，在远古时代这里是一片汪洋，中生代以后，强烈的地壳运动使地壳缓慢上升成为陆地。之后，在湍急的科罗拉多河的侵蚀切割下成为峡谷。科学家们经探测发现，科罗那多河目前仍以约每 2000 年 30 厘米的速率，冲刷着峡谷底部坚硬的前寒武纪岩石。

大峡谷中残仔的泥墙小屋废墟表明，这里最早的主人是印第安人。1540 年，西班牙的一支远征队是发现大峡谷的第一批白人。1869 年，美国探险家鲍威尔率领的一支探险队，用了 13 周的时间，成功地穿越了大峡谷这个许多人心目中的"死亡之谷"，完成了人类探险史上的一次创举。

1919 年，大峡谷中最深的一段（长约 170 千米）被美国辟为国家公园。1979 年联合国教科文组织世界遗产委员会又把它定为"世界自然遗产"之一。目前每年前往游览的旅游者达 3000 余万人。

壮丽的长江三峡

长江是中国和亚洲的第一大河，也是世界第三大河。它自"世界屋脊"青藏高原蜿蜒而来，在四川境内接纳岷江、沱江、嘉陵江等支流，水量大增，江面展宽，但流到奉节附近，被巍峨的巫山山脉挡住了去路。长江以它那无坚不摧的磅礴之势，劈开崇山峻岭，夺路向东而去，给我们造就了一段无比壮丽的三峡。

长江三峡是世界最壮丽的峡谷之一。它西起四川奉节县白帝城，东至湖北宜昌市的南津关，全长204千米，其中属于峡谷段的约为97千米。长江三峡是瞿塘峡、巫峡和西陵峡的总称。瞿塘峡以雄伟险峻著称；巫峡以山峰俊美名世；西陵峡是我国最长的峡谷，滩多流急，别具一种风姿。三峡河段是从第二地形阶梯向第三地形阶梯的过渡地段，巨大的落差，给了长江劈山凿石的巨大活力。

三峡两岸群山齐立，峭壁危崖，高的达七八百米；峡谷中断壁千仞，一水中流，水为峡束，面窄水深。最狭处不足百米，最深处可达150米以上，洪枯水位变幅60余米，最大流速达每秒8米，真有万马奔腾之势。

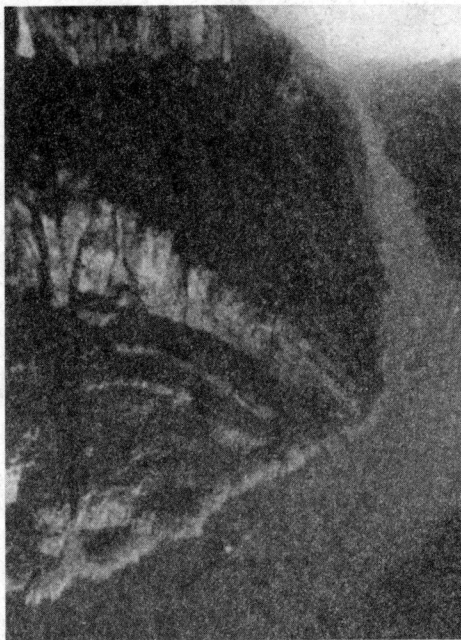

长江长达6300千米，仅次于非洲的尼罗河和南美洲的亚马孙河，居世界第三位，是中国的第一大河，流域的总面积有180多万平方千米，约占全国陆地总面积的1/5。图为三峡神女峰。

　　三峡中瞿塘峡居于西，包括风箱峡、错门峡两小峡，长度虽然只有短短的 8 千米，却极为险峻，江面最窄的地方只有数百米，水流湍急，两岸的峡壁紧束着河道，绝对当得起"天堑"二字。著名的悬棺就在这一带。

　　巫峡位于三峡的中间，它是三峡中最整齐的一段峡谷，因巫山而得名。峡内群峰如屏，长江在这里迂回蜿蜒。壮美的巫山十二峰中，最著名的是神女峰，它那动人的传说引人无限遐思。

　　三峡中西陵峡（又称"巴峡"）最长，全长 75 千米，分为两段：一段有兵书宝剑峡、牛肝马肺峡、崆岭峡；另一段有灯影峡、黄猫峡。均以两岸的岩石形状而得名。

　　"西陵山水天下佳"，西陵峡以险著称，长江三峡的"三大险滩"——泄滩、青滩、崆岭滩，均在西陵峡，世有"青滩泄滩不算滩，崆岭才是鬼门关"之说。

虎跳奇峡

　　虎跳峡位于云南省迪庆藏族自治州中甸县东南部，全长约 17 千米，分上虎跳、中虎跳和下虎跳。峡谷两岸高山对峙，群峰插天，东有玉龙雪山，终年披云戴雪，主峰海拔 5596 米；西为哈巴雪山，山势峥嵘突兀，主峰海拔 5396 米。而虎跳峡内江面海拔 1700 米，相对高差达 3700 米以上，素以山高、峡深、水急而闻名天下。峡谷两岸山体由泥盆纪、石炭纪的石灰岩及部分板石、千枚岩等组成。山坡陡峻，危岩壁立，犹如刀劈斧削而成。在强烈的构造运动中，部分沿断裂面的石灰岩变质成为洁白的大理岩，十分醒目。由于岩层节理发育，因此山坡时常发生塌方，岩石滚落江中，小者被冲走，大者则留于江中。江中激流奔腾，礁石林立，险滩密布。从上虎跳到下虎跳总落差达 210 米，平均每千米下降 13 米，故而江流十分湍急，不少地段水流速度每秒达 6～8 米。峡内江面不足 100 米，最窄处仅 30 米。身入峡中，看天一条缝，看江一条龙，头顶绝壁，脚临激流，令人胆战心惊。虎跳峡被公认是世界上罕见的山水奇观。

　　虎跳峡地处金沙江干热河谷，这种干热河谷是我国西南横断山脉地区的一大景观特色。虎跳峡海拔较低，峡谷狭长，再加上焚风效应，因此气候干热。虎跳峡出口处的大具年平均气温要比丽

虎跳峡远眺，两岸高山对峙，极为险峻。峡内江面不足 100 米，最窄处仅 30 米，老虎似乎都可以一纵而过。

云南迪庆藏族自治州是金沙江、澜沧江、怒江三江并流之地，同时也是喜马拉雅山脉和横断山脉交会之处，据说，世外桃源"香格里拉"就在此处。图为杜鹃花环绕的高山湖泊。

江高出 7℃ 以上，峡谷终年盛行西南风，降水稀少，上虎跳年均降水量为853. 4 毫米，下虎跳只有 586. 4 毫米，而丽江的年降水量可达 1057 毫米，玉龙雪山上的云杉坪年降水量则超过 1500 毫米。由于气候干热，再加上山坡岩石裸露，因此，虎跳峡峡谷两侧景象十分荒凉，树木稀少，仅稀稀落落地分布着一些灌木草丛。而海拔 5000 米以上则是积雪覆盖的冰峰。雪线以下有一层带状分布的针叶林，绿意葱茏，仿佛是白雪山头围着一条青色的头带，自然景观垂直分带十分明显。

在上虎跳窄窄的江流中，巍然屹立着一块高约 13 米的巨石，浑浊的江水凶猛地拍打着巨石，雪浪翻滚，波涛汹涌，山谷轰鸣之声如千军万马奔腾而来，气势雄壮。这就是著名的虎跳石。传说有猛虎从这块巨石上跳跃过江，虎跳峡便因此而得名。

世界第一大峡谷

在世界最高峰——珠穆朗玛峰的东西两端，分别耸立着两座高峰：西端是 8125 米的南迦帕尔巴特峰，东端是 7782 米的南迦巴瓦峰。这两座高峰的外侧，分别被两条大河所围绕，并且都形成了奇特的马蹄形大拐弯（西端为印度河上游大拐弯，东端为雅鲁藏布江下游

大峡谷中的马蹄形大拐弯

大拐弯），同时还都形成了世界级的大峡谷。有的地质学家把它们比喻为喜马拉雅山东西两端的两个"地结"，它们就像两颗巨大的钉子一样，将一条高大的山脉，悠悠然挂在高原的南端，并将欧亚板块紧紧地钉在印度板块之上。

为什么同一山脉的两端会有两座山峰对峙、遥相呼应，并且几乎对称地被两条大河深切围绕？是偶然的巧合，还是大自然的鬼斧神工？

1994 年，科学家们利用航测地形图、航空照片和卫星影像图，以南迦巴瓦峰为基点，跨越大峡谷，与对岸的加拉白垒峰（7234 米）在南北、东西方向各作剖面，进行分析和测量，并把实地考察结果和计算数据对照订正。计算结果表明：切开喜马拉雅山、急泻在青藏高原东南斜面上的雅鲁藏布江下游大拐弯峡谷，平均深度为 5000 米以上，最

大峡谷地区典型的由极地到亚热带的垂直温度带分布

测绘专家和水利资源学者在大峡谷进口处设立基准点

深处达 5382 米；大峡谷由派区到边境线上的巴昔卡，总长为 496 千米。

这个结果意味着一项新的世界纪录的诞生——雅鲁藏布江大峡谷是地球上最深最长海拔最高的河流大峡谷！它比此前认为的世界第一深的秘鲁科尔卡大峡谷还深 2000 多米；比世界最著名的美国科罗拉多峡谷要深 3000 多米。

大峡谷中最险峻、最核心的地段，是从派区的大渡卡到墨脱县的邦博，长约 240 多千米。作为大峡谷的腹地，长期以来，它一直对人类充满了诱惑。

1993 年秋天，中、日两国联合对大峡谷进行探险考察。两名争强好胜的日本人，没有听从中国科学家的劝告，执意下江试漂，结果一下水就被冲进激流。湍急的江水很快就把船掀翻，一名日本人侥幸爬上岸，而另一位叫武井义隆的日本人却消失在滔滔的江水中……面对激流澎湃的江水，面对危岩耸立的幽深峡谷，日本人感慨地称这段大峡谷是"人类最后的秘境"。

一位叫沃德的英国探险家，声称自己曾到过大峡谷腹地。他在《藏东南考察记》里，生动地描绘了他深入大峡谷腹地后所看到的奇丽景色。他提到了在大峡谷中发现的两条大瀑布（在大江的主干上生成大瀑布很少见）：灿烂的阳光照耀着它们，飞落的瀑布上升起了美丽的彩虹。沃德将瀑布命名为"虹霞瀑布"，还摄下黑白照片作为证明。

"虹霞瀑布"真的存在过吗？据当地门巴族老人说：这里过去的确曾有两条河床大瀑布，就在白马狗熊下方到大拐弯顶端岗朗之间的峡谷河床上，瀑布周围还有温泉。当地人曾在那里修了座寺庙，人们常到此沐浴、拜佛。站在寺庙上，往下看是虹霞瀑布，向上则可眺望南迦巴瓦峰上挂下来的冰川和郁郁的林海。但是，随着1950年的大地震，这一切都消失了。

1998年10月，中国科学探险考察队首次徒步全程穿越大峡谷核心河段，揭开了它神秘的面纱。考察队进一步弄清了大峡谷核心河段的水能资源，证实、确认和发现了四组大瀑布群。大瀑布群如此之多，这在世界主干河道上是极为罕见的现象。

考察队还在地质、生物、大气、水文等多个领域进行了科学考察，采集了2000多个昆虫、植物、地质岩石以及各河段的水样等标本和样品，其中，大面积红豆杉原始森林的证实和发现，古老的"活化石"生物缺翅目昆虫的发现，都具有重要的意义。

大地上最大的伤疤

大地上最大的伤疤——东非大裂谷

裂谷是地壳断裂形成的狭长深陷的谷盆，有人把它比做"地球的伤疤"。"大地上最大的伤疤"东非大裂谷从赞比西河河口向北延至红海，跨越赤道南北，全长 6400 千米。大裂谷一般宽度为 50 千米~80 千米，最窄处只有 3 米宽。两边陡崖壁立，高出谷底数百到一二千米。谷底的地势起伏也很大，裂谷中的湖泊都是低洼的谷盆积水而成。其中，阿萨尔湖湖面在海平面以下 150 米，为非洲大陆的最低点；坦噶尼喀湖深达 1400 米，仅次于贝加尔湖，为全世界第二深湖泊。从飞机上俯瞰，裂谷就像是一条用推土机推出的深沟，其中成串分布的湖泊，恰似一粒粒亮晶晶的珠宝，装点着美丽的非洲大陆。

图为格鲁山火山锥和火山口从大裂谷底部隆起，背景云霭中显露的是乞力马扎罗山的身影。

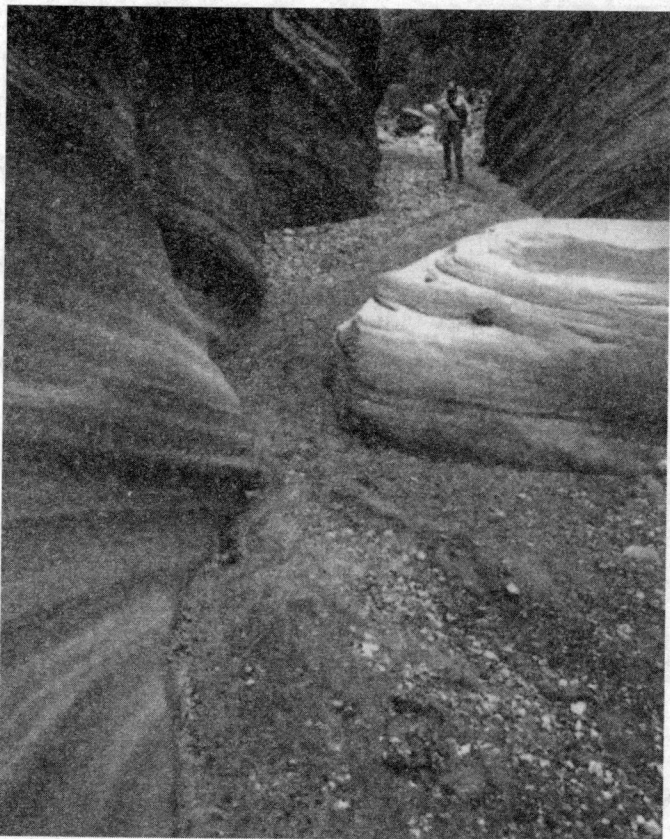

东非大裂谷的照片，有专家认为，这种地质构造是洋盆的胚胎期。

东非大裂谷是怎样形成的呢？原来，那里是个断层陷落带，它是在地壳运动过程中，由巨大的断裂作用形成的；而地壳断裂，则是由于地幔上层的热对流造成的。东非处在地幔热对流上升流的强烈活动地带。地幔上升流的上升作用，使东非隆起成为高原，地壳也因张力作用产生裂隙——裂隙中间的地面下沉，断裂的两翼相对抬升，形成裂谷的两壁。

在裂谷的形成过程中，往往伴随着剧烈的火山活动，形成大量的熔岩。例如埃塞俄比亚高原，就是由多期火山喷出物堆积起来的熔岩高原；非洲第一高峰著名的乞力马扎罗山、肯尼亚山、鲁文佐里山等，都是海拔在 5000 米以上的死火山。目前，这里的地壳仍不稳定，不少火山还在活动着，地震经常发生。1978 年 11 月，在东非大裂谷与红海交界的阿法尔地区，火山、地震

东非大裂谷地理位置图

印度洋

活动此起彼落，在几天之内地面就裂开了1米多。地下的熔岩从裂缝中狂奔出来，据估计，每小时涌出的岩浆多达几万吨。坐落在裂谷中段的尼拉贡戈火山，喷发频繁而猛烈，海拔3470米的巨大山体终年笼罩着浓密的火山烟雾，到处散发着刺鼻的硫黄味。山顶上有一个长300米、宽100米的火山口，火山口里有一个充满高温熔岩的岩浆湖，通红炽热的岩浆在湖中沸腾嘶鸣，犹如开炉钢水，成为大自然一大壮丽奇观。以上这一切显示，大裂谷的演化仍在继续。

在大裂谷的岩石断层和火山熔岩中，还珍藏着大量古人类、古生物化石。1972年，考古学家在图尔卡纳湖畔的库彼福勒地区发掘出一个古代直立人的头盖骨化石、90具史前人遗骨化石和数百件石器化石，经科学测定，它们约有260万年的历史，那个头盖骨化石是当今世界上发现的最古老的直立人化石。由此看来，东非大裂谷不但是举世闻名的自然奇观，这一地区也是人类诞生的摇篮之一。

东非大裂谷全长6400千米，纵贯东非高原。从飞机上往下看，东非大裂谷就像一条长长的凹痕，宽度一般为50千米~80千米，最窄处只有3米宽；东非大裂谷非常深，一般深达500~800米，最深处有3000米，比世界上最深的湖泊——贝加尔湖深了近一倍。东非大裂谷附近，耸立着高大的火山群，著名的有非洲最高峰乞力马扎罗山、肯尼亚山和鲁文佐里山，它们海拔都在5000米以上。据一些科学家推算，8万年以后，东非大裂谷以东部分将会同非洲大陆完全分开，成为印度洋中的一个大岛，大裂谷的位置会出现一个新的海洋。

挪威的峡湾

北欧的挪威位于斯堪的纳维亚半岛上。这个面积只有38万多平方千米的小国，由于形状狭长（南北长1770千米，东西宽10～400千米），因此竟有2万多千米的海岸线。这条海岸线是世界上最曲折的海岸线，山高地险，峡湾众多，岛屿、岩礁林立。

挪威的峡湾是远古冰期时，冰川滑入大海时所切割出的凹形地貌。

所谓峡湾，实际上是一种狭长而曲折的海湾，宽不过数千米，长约几十到几百千米，出口地方，水只有几十米深，而湾内最深的地方却有1000多米深。峡湾既深邃，又曲折，两岸危岩壁立，给挪威增添了奇景，并闻名世界。

峡湾在挪威人的生活中占有重要地位，它是重要的航道，可通行海轮，同时又是天然的港湾，每当风暴来临，当地的渔船便鱼贯而入，进入峡湾中休养生息。奥斯陆、卑尔根、特隆赫姆等城市，也都位于峡湾之内。

挪威最著名的峡湾是桑格纳峡湾，长220千米，宽约4千米，出口处深45米，峡湾中最深的地方达1224米。两岸山高谷深，谷底山坡陡峭上升，直到海拔1500米的峰顶。峡湾两岸的岩层很坚硬，主要是由花岗岩和片麻岩构成，并夹杂着少量石灰岩、白云岩和大理岩。在峡湾里，峭壁连着峭壁，便于登陆的地方少之又少，偶尔有些小岬角，上面往往筑有小城市。

峡湾两岸有高峻的山崖，因此，挪威海风急浪高的时候，峡湾内却是风平浪静。可是，涨潮时候，汹涌的海水，像一堵移动着的水墙，以排山倒海之势向着峡湾奔腾而来。每每令观者心潮澎湃，不能自已。

挪威峡湾是怎样形成的呢？原来，第四纪冰川在挪威这一带覆盖得很厚，冰川的长期刨蚀和深切，使海岩形成了众多的槽谷。冰川退却后，海水侵入，才形成了狭长而曲折的峡湾。

四、神奇的水与火

火山大爆发

火山是指地壳内部岩浆喷出堆积成的山体。一般分为活火山、死火山和休眠火山。活火山是指经常作周期性喷发的火山；死火山是指史前有过活动，但历史上无喷发记载的火山；休眠火山是指历史上有过活动的记载，但后来一直没有活动的火山。全世界约有 2000 座死火山，500 多座活火山。世界上最高的活火山和死火山都在阿根廷，土蓬加托火山海拔 6800 米，是世界上最高的活火山；阿空加瓜火山海拔 6964 米，是世界上最高的死火山。

世界上"脾气"最火爆的火山是印度尼西亚爪哇岛西部的加隆贡火山。这座海拔 2168 米的火山至今已爆发了 300 多次，其中大的爆发就达 30 多次，最近一次爆发是在 1982 年 4 月 5 日。

历史上最著名的火山爆发是以下 10 次。

大约 6000 年前，位于现在的美国俄勒冈州的梅扎马火山发生了一次特大爆发。3658 米高的梅扎马火山在爆发后，竟形成了一个深 579 米的火山口湖。此后在漫长的年代里，由于火山活动的作用，湖心又渐渐升起了一个"神奇岛"，至今它仍在不断长高。

意大利西西里岛上的埃特纳火山是欧洲最活跃的火山，埃特纳火山附近地区因此频频发生地震。最近一次火山爆发是 1991 年 12 月在埃特纳火山公园的博瓦山谷地段发生的。

公元 79 年，维苏威火山的爆发把意大利著名的庞贝城和赫库兰尼姆城掩埋地下，使它们历经千余载才得以重现人世。这次爆发之所以"名垂青史"，还因为它给人类提供了极为宝贵的科学资料。此后维苏威火山又爆发过数次，1631 年的爆发也造成了重大人员伤亡。目前它仍然很活跃。

1815 年 4 月 10—11 日印度尼西亚的坦博拉火山爆发，是过去两个世纪以

　　世界上的火山是多种多样的，它们爆发的强弱也大不相同。印度尼西亚松巴圭岛上的坦博拉火山，是一座"脾气"暴躁的火山。它在 1815 年 4 月 5 日爆发时，震撼了远在 1600 千米外的苏门答腊岛，烟雾尘埃使得方圆 480 千米的范围内日月无光。这次爆发持续了 3 个多月，喷出物质 150 立方千米，把山头削掉了 1250 米，形成了一条 11 千米长的火山口。夏威夷群岛上的火山则是"脾气温顺"的火山，爆发时，火山的熔岩只是平静地流出，形成了壮观的熔岩瀑布和熔岩河流。猛烈的火山爆发会吞噬、摧毁大片土地，把大量生命、财产烧为灰烬。可是令人惊讶的是，火山所在地往往是人烟稠密的地区，日本的那须火山和富士火山周围就是这样。原来，火山喷发出来的火山灰是很好的天然肥料。

　　夏威夷昌纳罗亚火山基底在太平洋下4975米处，而在海面上又高高隆起4170米，把这两个数字加在一起，昌纳罗亚火山堪称是世界上最高的大山。昌纳罗亚火山平均每3年喷发一次。图为蕨类植物生长在已凝固的熔岩洞中。

来规模最大的一次火山爆发，同时它也是有史以来造成人员伤亡最多的一次。据估计，它直接造成了9.2万人丧生，还有8万人死于由此引发的饥荒。这次火山爆发使北半球大部分地区受到严重影响，满天浓云密布，粉尘弥漫，并导致1816年农业大幅度减产。

夏威夷火山公园里已经凝固的岩浆像大海的波涛

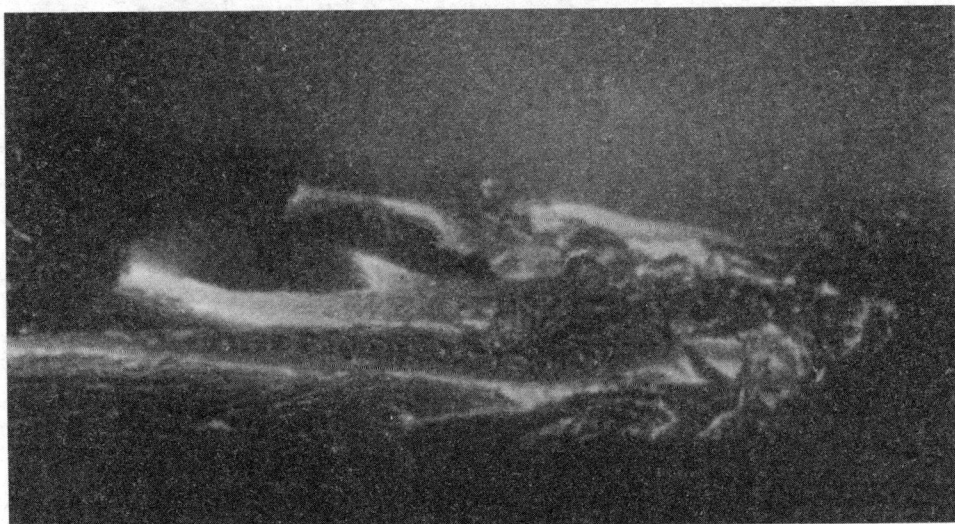

岩浆滚滚的火山口张开了狰狞的大口

1883 年 8 月 27 日，印度尼西亚喀拉喀托火山爆发。其威力之大远在 3200 多千米外的澳大利亚也为之震撼。此次火山爆发引起的一连串海啸，波及夏威夷群岛和南美海岸。有 36 000 多人因此丧生。它喷出的 21 立方千米的火山灰使周围地区陷入黑暗长达两天之久。

庞培城遗址，它毁于公元 79 年的维苏威火山爆发。

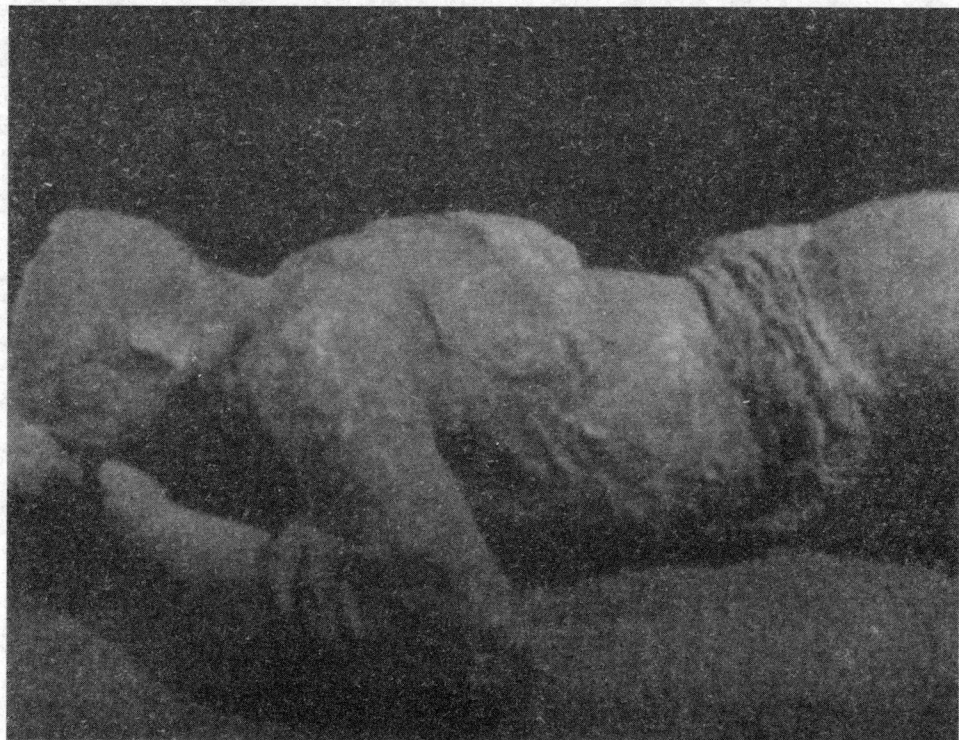

这位青年妇女在试图逃离时，被火山灰埋葬，裹着尸体的灰烬慢慢变硬，像一个铸模一般，人体也变成了化石。

马提尼岛的培雷火山 1902 年 5 月 8 日的爆发，使 2.9 万人丧生，并摧毁了数千米外的港口城市圣皮埃尔。几乎所有人都死于火成碎屑物流——一种致命的、移动迅速的云状物，由热气和浓厚的液化火山微粒组成。圣皮埃尔全城只有两名居民大难不死。

1943 年 2 月，在墨西哥帕里库廷市近郊的一块玉米地里突然冒出了一大堆火山灰，从此，地球上又"长"出了一座高山，并且一年之内就"长"了366 米。在接下来的 19 年里持续不断的火山喷发终于摧毁了帕里库廷市。

美国华盛顿州圣海伦斯火山自 1857 年开始处于休眠状态。1980 年 3 月由于一连串的地震，圣海伦斯火山开始喷发蒸汽。幸运的是，由于周密的考察研究和及时的预报，圣海伦斯火山爆发没有造成大的人员伤亡。不过，还是有 60 人死于这次爆发。

维苏威火山位于意大利那不勒斯湾附近，海拔 1277 米，是欧洲大陆惟一的活火山。其火山口周边长 1400 米，深 216 米，基底直径达 3000 多米。20 世纪以来，维苏威火山已发生了 6 次大规模的喷发。

虽然 1985 年 11 月 13 日哥伦比亚的鲁伊斯火山爆发相对来说其势较小，但由于冰雪融化而导致 2.3 万人死亡，并毁灭了阿尔梅罗城。大多数居民在此前转移到了地势较高的地方，因而得以幸免于难。

1991 年 6 月发生的菲律宾皮纳图博火山爆发造成约 800 人死亡，还有约 10 万人无家可归。它喷出的烟尘和火山灰云高达 31 千米。火山爆发前有 7 万人安全撤离。此次灾难备受全世界媒体关注，使原本默默无闻的皮纳图博名扬天下。

喷冰的火山

人们对火山喷发的景象并不陌生，很多人都通过照片，或在电影、电视中看见过岩浆一泻千里、火山灰遮天蔽日那壮观而又令人恐惧的景象，可是很少有人听说过能喷出冰块的火山。

冰岛是个冰与火的国度。全国有 300 多座火山，至今还有 30 多座活火山在活动着，还常常发生地震。大量的温泉热气弥漫。与此同时，冰岛有 12%的土地为冰川覆盖。冰川、雪峰多簇拥在火山口附近，一边是火山爆发，一边是冰天雪地。火山在冰川下突然爆发，顷刻间冰雪融化，引起山洪暴发，

海底火山在喷发，喷出的物质一半是水蒸气，一半是岩浆。

洪水泛滥。冰雪之水泻进火山口，形成湖泊。

1984 年 10 月，冰岛南部的格里斯维特火山又一次爆发了，可它喷出的不是炽热的熔岩、火山灰、蒸汽，而是无数透明洁净的冰块。这种喷射冰块的现象持续了两个星期。每秒钟喷发出来的冰块约有 42 立方米，在喷射最剧烈的时候，每秒钟可喷射出 2000 立方米冰块。这次火山爆发喷射出的冰块总量，大约有几千万立方米，结果在火山周围覆盖了厚厚一层冰。

俗话说："水火不相容。"火山为什么会喷射冰块呢？

原来，冰岛是地球上火山活动比较频繁的地区之一，地壳活动剧烈，岩浆常常沿着裂缝流动，时而冲出地面，形成火山爆发；时而在半途冷却凝结，不流出地面。

冰岛靠近北极圈，沿海有暖流经过，气候温暖湿润，而内陆山地则气候寒冷，许多山峰被冰川覆盖，那些被岩浆堵塞的火山口和地下裂缝中也充塞着冰体。当格里斯维特火山爆发时，必然首先将积聚在火山口的冰块喷出。冰岛的火山活动虽然频繁，却比较"温和"，火山喷发出的气体将来不及融化的冰块接二连三地抛到空中，成为火山喷发的一大奇观。

令人恐惧的海啸

海啸是由地震、火山爆发或强烈风暴等引起的海水巨大的涨落。其中最常见的是风暴海啸。海啸的破坏力很大，它所激起的巨浪最高时可达二三十米，从海岸边望去，可谓铺天盖地，一般的堤坝很难抵挡它那强烈的冲击。

1890 年 6 月 15 日，日本海发生的地震海啸，将 1 万多幢房屋夷为平地，有 27 000 多人丧生，海浪最高时竟达 30.5 米。

挪威的萨尔特斯特赖于门水道宽约 8 千米，这里有剧烈翻腾的波浪和巨大的旋涡，其发出的尖利的巨响，使人不寒而栗。这条可怕的水道于 1595 年被标明在海图上。

海底地震造成海流喷发，形成蔚为壮观的景象。

1960 年 5 月 22 日，在南美智利的沿海地区发生了 9.5 级大地震，伴随着大地震爆发了迄今为止破坏力最强的一次海啸。这次海啸在智利沿岸的平均浪高为 10 米，最大的海浪高达 25 米。海浪还以每小时 700 千米左右的速度沿太平洋传播，当它抵达 1 万多千米以外的夏威夷时，浪高达到 9 米；当它到达日本和俄罗斯沿岸时，浪高仍有 8.1 米。这次海啸给太平洋沿岸的各国造成很大损失，仅日本就有 300 多人丧生，100 多艘船只被打翻，3000 多幢房屋倒塌。

虽然地震是引发海啸的主要原因，但并不是所有地震都会引发海啸。地质学家们经研究发现，当地震的震源深度小于 40 千米，地震的震级在 6 级以上时，才会引发海啸。

除了地震以外，海底火山爆发也会引发海啸。1983 年 8 月 27 日，印度尼西亚的喀拉喀托火山爆发，30 分钟后，引发了强烈的海啸，呼啸的巨浪使数万人丧生，几百个村镇被毁。有一艘军舰竟被推到陆地上，最后停留在一个距海岸 1000 多米的地方，足见海啸威力之巨大。

强台风是最易引发海啸的一个因素。强台风中心气压很低，它所产生的吸引力会使被风力驱动的巨浪更显威势。1970 年 11 月 12 日，印度洋东北部的孟加拉湾出现最高风速达 70 米/秒的强台风，结果造成该地区少见的强烈海啸，最大浪高近 10 米。使 30 万人死亡，100 万人无家可归，大量海水冲进陆地，2 万多平方千米的土地被"水"洗一空。

强台风及其引发的海啸威力之大，使人类感到了自己的渺小。

龙卷风创造的"奇迹"

　　龙卷风是一种可怕的风暴，其行迹神出鬼没，来去匆匆。

　　龙卷风可以分水龙卷、陆龙卷、尘龙卷、火龙卷等多种，其中以水龙卷最为凶恶，但陆龙卷、火龙卷的危害也很大。

　　世界上水龙卷出现最多的地方是美国墨西哥湾沿岸地区，尤其是在佛罗里达半岛以南的海面上。有一位飞行员在45分钟的空中飞行中，在这一带目睹了一条积雨云带上共发生了9个龙卷，还看到其中五六个水龙卷同时并存的空中奇景。

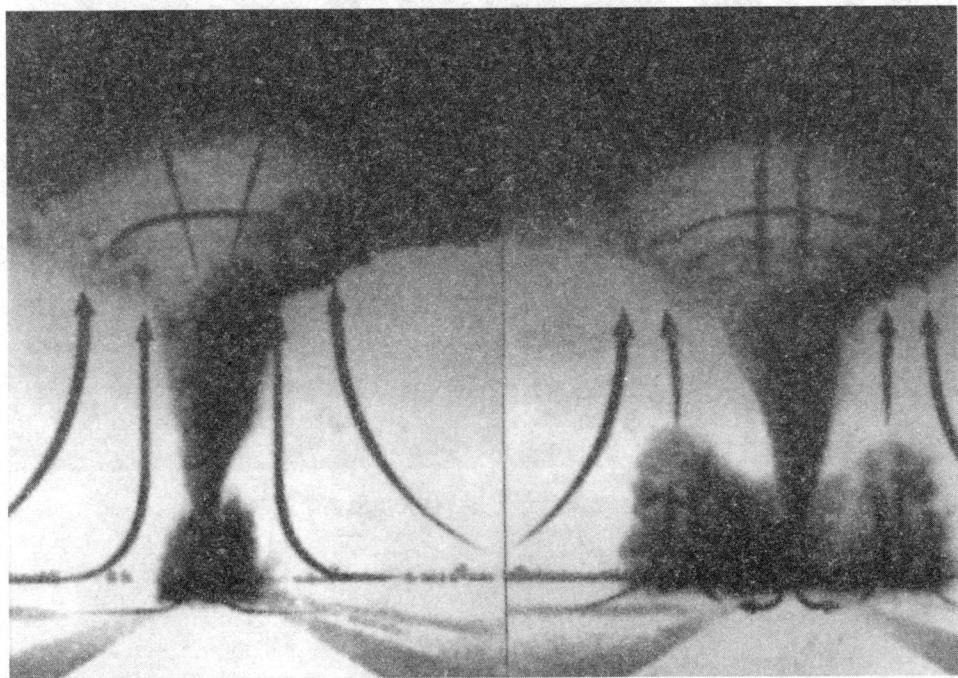

上升型龙卷风和下曳型龙卷风的两种形态

龙卷风外貌奇特，它上部是一块乌黑或浓灰的积雨云，下部是下垂着的形如大象鼻子似的漏斗状云柱，具有小、快、猛、短的特点。水龙卷直径 25～100 米，陆龙卷直径 100～1000 米。其风速到底有多大，科学家没有直接用仪器测量过，但根据龙卷风在其所经过的区域内做的"功"来推算，风速一般每秒 50～100 米，有时可达每秒 300 米，超过音速。它像一个巨大的吸尘器，经过地面，地面的一切都要被它卷走；经过水库、河流，常卷起冲天水柱，有时连水库、河流的底部都露了出来。同时，龙卷风又是短命的，往往只经过几分钟或几十分钟，最多几小时，移动几十米到 10 千米左右，便"寿终正寝"了。

这是一张珍贵的龙卷风照片。龙卷风和台风都是强大的自然力量，所经之处，一切都被毁灭了。

龙卷风是怎样形成的呢？龙卷风大都发生在大陆沿海一带和海岛上，主要是由于在阳光强烈的照射下，地表受热不均匀，引起空气上下强烈对流。如果上升的空气中含水汽较多，到高空往往发展成强烈的雷雨云，这种云的顶部和底层，温差悬殊，云底不到 10℃，云顶在 -30℃ 以上。因此，在雷雨云中，冷空气急速下降，热空气猛烈上升，上下层空气交替扰动，形成许多小旋涡，逐渐转动扩大，最后形成一个漏斗状的、迅速旋转的龙卷风。如果地面上是一个低气压区，四周的空气上升，为龙卷风增添动力，它就变得更加强大了。

龙卷风威力巨大，下面几件"奇迹"都是龙卷风的杰作。

在美国的俄克拉荷马州曾发生过这样一件怪事。两匹马拖着一辆大车，车夫坐在车上，由于天气闷热，他打起瞌睡来了。一声巨响把他从昏睡中惊

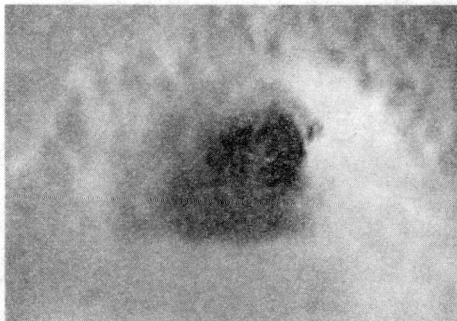

醒过来。他用双手擦擦眼睛，定睛一看：两匹马和一根车辕无影无踪了。再看看车子的其他部分，却是安然无恙。如果不是失去了马和车辕，就好像什么事也不曾发生过。

在美国的内布拉斯加州也有过类似情况。一个农妇手里在挤牛奶，心里在盘算着其他事情。正在这个时候，随着"轰隆"一声巨响，奶牛连同牛棚统统不见了。她弄不清楚这是怎么一回事，仍呆坐在凳子上，不知所措地两眼盯着放在脚边的那只牛奶桶，直到邻居闻声赶来才使她清醒过来。

俄克拉荷马州的一对夫妇也遭到了这种厄运。在 1950 年的一个晴朗的夏日，他们躺在床上休息。一声刺耳的巨响赶走了睡神。他们俩起来看了一看，以为这声音是梦中听到的，于是重新又躺了下来。这时，他们忽然发现自己的床已被弄到荒无人烟的旷野，周围没有房子，没有任何建筑物，也没有牲

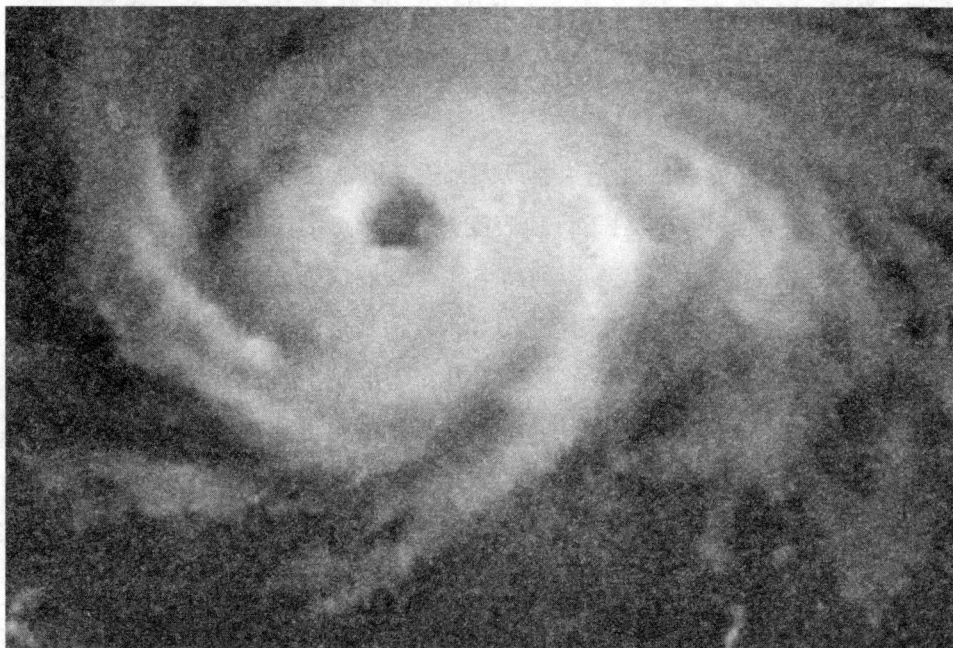

这是卫星拍摄的美国 1984 年第 17 号龙卷风风眼云图。上图是下图风眼的局部放大。

袭击美国伊利诺伊州的龙卷风

畜，只有一只椅子还留在他们的旁边，折叠好的衣服仍好端端地摆在上面。眼前的一切让他们目瞪口呆！

　　超音速的龙卷风好像是个魔术师，它的表演更令人吃惊。美国圣路易市在1896年发生过一次龙卷风，使一根松树棍轻易穿透了一块1厘米左右厚的钢板。1919年，发生在美国明尼苏达州的一次龙卷风，使一根细草茎刺穿一块厚木板；而一片三叶草的叶子竟像模子一样，被深深嵌入泥墙中。

地球"奇雨"记

下雨是人们常见的一种自然现象。世界各地的降雨量是不均匀的。有的地方下得多，有的地方下得少。世界绝对雨量最多的地方是印度东北部阿萨姆邦的一个村庄——乞拉朋齐。1960 年 8 月到 1961 年 7 月，该村降雨量达 26 461.2 毫米的世界最高纪录。

有些地方虽然年降雨量不大，却经常下着雨。智利南部的巴希亚·菲利克斯，平均每年有 325 天在下雨。1961 年更是创下了全年下雨 348 天的纪录。

有些地方频频下雨，可有些地方却终年无雨。智利北部的阿塔卡马沙漠，是世界最干旱的地方，被称做世界的"旱极"。到 1971 年为止，它已经有 400 多年没下过雨了。

龙卷风轰鸣着飞快地移动，搅动着大地和天空，它往往是"奇雨"的制造者。

142

一次下雨量最多的纪录是印度洋上的留尼汪岛塞路斯地区创造的。1952年3月15日，这一地区下起了倾盆大雨，这场大雨整整下了5个昼夜，直到3月19日才停歇，总雨量达4130毫米，是人类有记载的最大的一次降雨。

此外，还有些地方下的雨很奇特，简直让人匪夷所思。

美国达文波特市曾下了一场天蓝色的大雨，郊区成为一片汪洋。

1477年7月26日，一场大风雨后，在北京正阳门内东江米巷落下铜钱84枚，当时传为奇闻，并上报朝廷。举朝上下都非常惊异，不知是什么缘故。

1813年3月14日，意大利卡坦扎罗布下了一场"血雨"，化验后发现雨水中含有铁、铬、钙、硅等化学元素。1608年，法国也下过一场"血雨"。

1897年8月的一天，正当夕阳西下的时候，意大利的曼斯诺达被一片通红的云朵遮住了。大约1小时后，从天空降下了大批紫荆树种子，下了足有3厘米厚。这种树种只有中东和亚洲才有。

1904年，飓风袭击摩洛哥的一座大粮仓，结果粮仓里的麦子漂洋过海，降落到西班牙的沿海地区。

1940年的夏天，在苏联美舍尔村，随着阵雨落下许多闪亮的银币。

1946年，在苏联敖德萨省，随着倾盆大雨，金色的橙子从天而降。

1954年的一个夜晚，美国达文波特市上空，降下一场天蓝色的雨。

1971年1月28日，在我国江苏阜宁、盐城地区，同时降下黑豆雨。

1977年8月14日，非洲毛里塔尼亚首都努瓦克肖特下了一场可怕的"沙雨"。

1960年3月1日，法国南部的土伦地区降了一场"蛙雨"。青蛙和雨点从空中一起落下，有的青蛙被摔死，有的却安然无恙，到处乱爬乱跳，"呱呱"叫个不停。

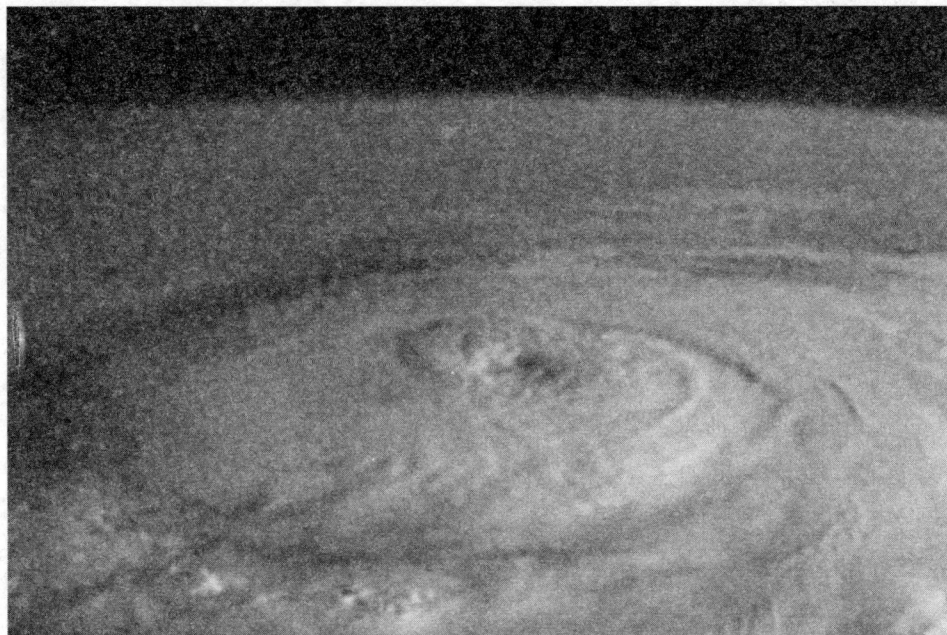

卫星拍摄的台风风眼照片。台风刮起地面上的物体，又随着大雨落到地面，形成各种奇特的"雨"。

法国西南部的不勒诺斯镇，曾卜过一场龟雨。10 万只小乌龟夹杂在暴雨中，落到地上。这些小乌龟一个个把身体缩在硬壳里，虽然从高空落下，却安然无恙。

在印度门德拉地区的比焦里村，下雨时，天上往往会掉下一些五颜六色带孔的珠子。当地居民把珠子收集起来，穿上绳子，当做念珠，并称其为"所罗门的念珠"。至于这些珠子从何而来，人们始终没有弄清楚。

印度尼西亚的土加贡地区每天都要下两场雨，一次在下午 3 点左右，一次在下午 5 点 30 分左右。当地一些学校就以此为标准，下第一场雨时为上学时间，下第二场雨时为放学时间。当地人称之为"报时雨"。

1974 年 2 月，澳大利亚北部一地区降下了 150 多条银汉鱼。

1977 年 9 月，美国加利福尼亚州的路易斯·奥比斯堡，随着一场大雨降下了 500 多只死的和半死不活的乌鸦和鸽子。

据分析，以上的"怪雨"，大多数都同龙卷风和台风有关。

奇云怪雨的难解之谜

1984 年 4 月 9 日，当地时间 23 点 6 分，一架日航商业飞机正在日本东海岸 400 千米以外的北太平洋上空飞行，当时的方位是北纬 38.5 度、东经 146 度的位置。机长突然发现机身下面的云层里升起一团巨大的形如雨伞的云，一会儿云团蔓延，厚度达 6000 多英尺，直径为 200 千米。机长大吃一惊，以为下边发生了核爆炸，急忙命令全体乘员戴上氧气罩，并向地面发出了呼救信号。

后来飞机在附近的一空军基地降落。经检查，机身上没有核爆炸产生的放射性污染，所有仪器也安然无恙。当晚，还有两架飞机从上空经过，飞行员们也亲眼目睹了这团已纵横 320 千米的云团。

此事引起了世人关注。美国国防部、前联邦航空公司和日本防务省都争先恐后地进行了调查。调查结果表明，这种现象不是由核爆炸形成的，对臭氧层中二氧化硫的测定也没发现异常，所以又排除了海底火山爆发的可能性，那么，奇怪的雨伞云是从何而来呢？

我国新疆米泉县的甘泉堡，历来很少降雨。但在 1975 年 9 月 7 日凌晨 4 点多钟，甘泉堡的一条干沟中下起了暴雨，而四周却晴空万里。据目睹者回忆说，当时这里先是响起一阵雷，紧接着瓢泼大雨从天而降，大雨下了大约 10 分钟。到 5 点钟左右干沟洪水立刻涨起来，倾泻而下，冲走了几十斤重的石头和许多防洪物资。为什么沟外天空晴朗，而沟内却下起倾盆大雨呢？

气象学家们对这奇云怪雨各持己见，谁也无法找到正确的答案。

干雨到底是怎么回事

近年来世界各国的天体物理学家都对干雨产生了特别浓厚的兴趣。干雨很早就被人们发现过，只是极为少见，近些年来人们发现，它的出现越来越频繁。大约在 100 年前，干雨曾毁灭了亚速尔群岛地区整整一支舰队。曾经发生在德克萨斯草原的一场特大火灾，也是干雨引起的，公元 1889 年非洲的萨凡纳又成为干雨的战利品。

由于所谓瀑布式倾热，使由干雨引起的火灾很难扑灭。发生这种火灾时，不仅要扑灭燃烧着物质，还要花更大力气来对付高达 2000℃ 的雨热。对这种雨热来说，水成了给它降温的物质，因此，扑救这种火灾时除使用水外，还要使用特殊的物质粉，以隔断热源和氧气的接触。

对干雨现象的解释，目前存在两种看法。一种看法认为：彗星散落后的物质一部分落入地球，从而产生干雨现象。从彗星散落到出现干雨，需要 2~6 年的时间。目前天体物理学家观察到彗星散落的现象越来越多，因此科学家们预测在最近 6~15 年内要出现一些干雨。那时干雨火灾的数量将达每年 8 起，而 50 年后将达每年 30 起。另一种看法为：干雨现象是我们还没认识的另一种文明的破坏活动。这种想法从表面上看似乎是没有根据的，但持这种观点的人认为，如果干雨现象来源于宇宙，是彗星散落的产物，那么化学家通过光谱分析应该可以发现彗星的化学成分。但化学家在这方面的研究结果至今还是否定的。

总之，两种说法各有其理，还需进一步研究证实。

石雨来自哪里

1906 年 3 月的一天，荷兰探险家德乐特勒西特·库罗汀迪克结束了长途旅行后，风尘仆仆地回到基地。深夜，当他正躺在睡袋里休息时，突然一声物体撞击地板的声响把他惊醒。他起身一看，发现有一颗从未见过的黑色小石子掉落在地板上。过了一会儿，只听得"叭"的一声，又掉下来一颗小石子。小石子好像是穿透屋顶掉下来的。库罗汀迪克让人出去观察，发现房子上并没有人，周围也没有发现任何异常情况，然而，小石子仍然像下雨一样不停地从屋顶上掉落下来。

第二天天亮，库罗汀迪克仔仔细细地观察了屋顶内外，奇怪的是，看不到一点石子穿插透过的痕迹。可是到了晚上，黑色的小石子又下雨般地穿过屋顶落下来。库罗汀迪克又惊异又纳闷。为了弄明真相，他把几颗小石子当作标本收集起。回到荷兰以后，库罗汀迪克把这些标本交给了专家。专家们对这些从未见过的石子也感到莫名其妙。

这种能穿过屋顶而又不留任何痕迹的"石雨"究竟是什么东西，又从何而来呢？至今还没有人能解开这个谜。

冬暖夏凉的地带

也许你知道有冬季从地下冒出热气的地方，也许你听说过有夏季从地下冒出冷气的地方，那么，你是否知道集夏冒冷气、冬冒热气于一身的地带呢？这一非常罕见的地带就在我国辽宁省东部的桓仁县，总长约 15 千米，从桓仁县沙尖子镇船营沟向西南延伸到宽甸县的牛蹄山麓。

据有关报道，还在上个世纪末的一个夏天，桓仁县沙尖子镇的农民任洪福在堆砌房北头的护坡时，偶然注意到扒开表土的岩石空隙里，不断冒出阵阵寒气，感到非常惊讶。当时任家就在冒气强烈的这段护坡底角，用石块垒成了长宽各约半米，深不到 1 米的小洞。至今这个小洞所表现出冬热夏凉的特点，仍然令人不解。

盛夏里，洞内温度仅 – 2℃，石缝为 – 15℃，在洞口放鸡蛋就会冻破了壳，洞内放杯水变成冰块，雨水泄入石缝冻成缕缕冰柱，人们站在洞口六七米外，只一两分钟就冻得发抖。据说，1946 年的夏天，一个国民党军官将大汗淋漓的战马拴在洞口附近的树桩上，第二天早晨，这匹马已冻倒在地上不能动弹了。近几年来，每逢夏季，任家都利用这口天然小冻库为街上的饭店、医院、兽医站等单位储存鱼、肉、疫苗、菌种等，冷冻效果十分理想。

然而立秋以后，周围地温不断转冷，而这里的地温反而由冷趋暖。到了严冬腊月，野外冰封雪冻，寒风凛冽，各种草木都纷纷枯萎凋零。但在地温异常带却是热气腾腾，温暖如春。凡是山冈上冒气的地方，整个冬春始终存不住冰雪，特别是任家屋后，种下的蔬菜叶壮茎粗，青草茵茵。1986 年，任家在冒气点上平整了一小块土地，上面盖上塑料棚，栽种大葱和蒜，割了两次蒜苗。据测，棚内气温保持在 17℃，地温保持在 15℃。

自 1984 年 8 月，桓仁发现异常地温带的消息在《本溪日报》、《辽宁日报》披露以来，国家地震局、冶金部、辽宁省、本溪市和桓仁县的地质部门及新华社等新闻单位，曾多次派人来这里进行实地考察，进行一系列的仪器测试，并就其成因开展学术讨论，至今尚未定论。有人认为这里地下有庞大的储气构造和特殊的保温层，使地下可以储存大量的空气，而且使地下的温度变化比地面慢得多。冬季，冷空气不断进入储气构造，可以一直保温到夏季才慢慢放出来；而夏季进入的热空气又至冬季才慢慢释放出来。也有人说，由于特殊的地质条件，这里的地下可能有一冷一热两条重叠的储气带，始终在同时释放冷热气流。遇到寒冷季节时，冷气不为人发觉，而热气惹人注目，遇到暑热季节时则寒气变得明显。还有人猜测，大概这里地下的庞大储气带上有一些方向不同且会自动开闭的天然阀门，冬天呼进冷气，放出热气，夏天吸进热气，放出冷气……

更令人惊讶的是，1987年在原址以南300米处，又发现了一处类似的神奇土地。

人们期望科学家能及早弄清这片异常地带的奥秘。

瓦塔湖 – 70℃ 为什么不结冰

瓦塔湖位于南极洲的莱特冰谷里，虽然湖面常年冰封，寒气逼人，可是湖泊深处却大不一样。

瓦塔湖表面冰层下的水温是0℃左右，随着深度的增加，水温逐渐增高。水深15～40米处水温为7.7℃；40米以下的深处，温度升得很快，距湖面60米处，有一层含盐很大的咸水层，温度达到27℃，比表面冰块的温度高47℃。极地考察队员把瓦塔湖称作地下"暖水瓶"。

起先，人们认为地下也许有地热活动。可是，国际南极干谷钻探计划实施以后，人们发现地底下不但没有地热活动，而且湖底沉积物的温度要比湖水温度低很多，这说明湖底没有地热活动。

美国和日本的南极考察者认为，热源来自太阳。

瓦塔湖冰层很厚，而且湖水洁净。阳光照射透明的湖水，把湖底的水晒成温水。由于湖底水含盐量高，能够很好地积聚热能；上层的淡水层像条棉被，盖在上面，湖面的冰层又像密封的保暖床，使温水得到保暖。

但是，如果真是这样的话，像瓦塔湖这样的"暖水瓶"在南极不止一个，而事实并非如此。瓦塔湖依然是个难解的谜。除此之外，南极还有一些奇异的湖泊，如干谷的唐·胡岁塘湖，在 – 70℃的低温下，居然波光闪闪不结一块冰，真让人难以相信。

罕见的天象奇观

在晴朗的白天，突然间出现了一段时间的黑暗。它既不是日食，也不是发生在龙卷风之前，虽然是区域性的暂时情况，但这种现象在国内外曾有多次发生。

在我国班吉境内，1944 年秋天的一天下午，晴朗的天空突然一片漆黑，伸手不见五指。人们惊慌失措，呼天喊地，好像天要塌下似的。大约 1 个小时的工夫又恢复了光明，渐渐地人们才平静下来。

青岛也曾出现过白天降夜幕的奇特现象。一天上午 11 时，阳光辐射的天空渐暗，阴云密布，至 12 时许，黑云压顶，天地间一团漆黑，风雨交加，电闪雷鸣，众多行人措手不及，纷纷避往沿街店铺。街上顿时"万家灯火"，路灯齐放，过往车辆车灯大开。这一现象持续半个多小时。

美国新英格兰垦区，在 1980 年 5 月 19 日这一天早晨，人们都和往常一样忙忙碌碌地去上班。到了上午 10 时，突然天黑地暗，好像进入了茫茫黑夜，每个人都恐惧万分。这种情景一直持续到第二天黎明。

此外，在英国的普雷斯顿，也曾出现过白天里的黑暗。1884 年 4 月 26 日天空由灰变暗，天渐渐黑下来。约经 20 分钟才出现阳光。

据当时人们回忆说，这种白天里出现黑暗现象之前，并没有发现什么异常现象，都是突然发生的。

为什么会出现这种天象呢？至今科学家们众说纷纭，有的说是和火山爆发有关；有的说很可能与天外星球来客有关，它们从地球上穿过，又悄悄而去，形成地球上某地方暂时的黑暗。

到目前为止，对于这种天象奇观，还有待科学家们进一步去研究、探讨。

热层高温为何不热

我们居住的地球周围有一层厚厚的大气层，这层大气层又可以分成好几层。距地面 85～800 千米的空间被称为"热层"。在热层里，随着距离地球高度的增加，气温骤升。在 150 千米的高空，每升高 100 米，气温就升高 2℃。因此，在 200 千米处，气温已高达 1000℃；到 700 千米的高空，气温竟高达 3000℃！这远远超过了炼钢的温度。

在热气层内，空气非常稀薄，空气质量仅占大气总质量的万分之五。大气密度和热容量都很小，在热层内气温升高 1℃ 所需的热量，还不到海平面气温升高 1℃ 所需热量的亿分之一。因此，即使太阳辐射很少的一部分热能，也足够使热层的大气温度升高很多了。

但是，热层的高温，并不能熔化钢铁，因为那里的空气分子极少，如果把钢铁放在这个"高温层"中，具有高温的空气分子是很少有机会同钢铁接触的。就连高速运转的卫星，在每平方厘米的面积上，每秒至多只能获得十万分之一的热量。如果按照这个加热速度来计算，1 克水温度升高 1℃，竟需要 28 个小时！据卫星观测的资料表明，650 千米的高空，虽然气温已超过 2000℃，但受到太阳直射的卫星表面温度只有 33℃；而当运动到地球的阴影区时，卫星表面温度却迅速下降到 -86℃。可见，这里的温度虽然很高，但却不热，当然就更谈不上在这里炼钢了。

对于热层高温反而不热这一奇特现象，科学家们正在寻找确凿的依据来加以解释。

为什么地球上的生物只有两性

英国科学家认为，地球上的生物之所以只有雄雌两性，是因为大约 20 亿年前我们的祖先曾经遭受到细菌的感染。

地球上存在无数种生命形式，为什么多数物种只有雄雌两性？多少年来，这个问题一直困扰着世界各地的科学家。

蘑菇育多达 36000 种性别，一种被称做粘菌的奇异生物大约有 13 种性别，但是这些生物只是地球生物分为雄雌两性这个几乎普遍适用的规律罕见的例外。这种现象提出了一个进化方面的神秘的问题：如果地球生物有 100 种性别，并且可以与其中任何一种物种交配，那么地球生物在其周围的环境中找到伴侣的几率将达到 99%。

如果说看起来生物只有两性使物种的生存变得困难而不是更容易的话，那么为什么地球上的生物只有两性呢？赫斯特认为，这完全要归因于地球生物是如何通过遗传获得一组特定的，被称为线粒体的基因。

与细胞核或细胞中心部分携带的基因（不同，线粒体脱氧核糖核酸（DNA）可以迅速进行自我复制。

看起来以前好像有过某种细菌，线粒体就源于这些细菌。线粒体进行自由复制的能力是它们的细菌祖先遗留下来的。

因为线粒体 DNA 可以快速复制，如果 99% 的地球生物可以与任何同种生物交配的话，线粒体出现的任何突变都可能迅速扩散开来。如果这种突变是有害的，那么突变引起的后果可能是灾难性的。对于地球上其他的物种来说。寻找一个配偶可能有些困难，但是从进化的角度来说，这种生殖也有益处，可以减少突变。

五、神奇的树与草

千年古莲开花

1955 年，中国的植物学界有一条重要的新闻：千年古莲开花了！

这些古莲的种子是 1952 年我国的科技人员在辽宁省新金（原名普兰店）县附近的泡子屯村一个旧池塘底下挖出来的。当时挖出来的莲子的外皮已经变得很硬，简直像小铁蛋。

1953 年，科学家曾把它们浸泡在水里 20 个月，可这些古莲子依然发不出芽。后来，科学家给古莲子做了个小"手术"：用锥子在古莲子的外壳上钻了一个孔，然后再泡在水里，结果仅过两天古莲子就抽出了嫩绿的幼芽，而且发芽率高达 95%。

1955 年的夏天，古莲开出了淡红色的鲜花。当时人们在北京的香山植物园可以欣赏到古莲的风采。其实它与人们常见的莲花很相似，只是花蕾更长些，花瓣更红些。

科学家用放射性 C14 测定，它的年龄为 835 ~ 995 岁。

据报道，日本千叶县曾发掘出 2000 多年前的古莲子，而且经过培育，也发芽、开花了。

在地下沉睡了千年的古莲怎么还会开花呢？

这与莲子的结构有关。莲子的外皮坚硬致密，像个小小"密封舱"，把种子密闭在里面，可防止外面的水分和空气渗入。也可防止种子内的水分和空气散失，因此莲子的生命极为微弱，相当于休息状态。这是古莲子还有生命力的重要原因。

此外，与古莲子所埋藏的环境也有关。这些莲子是被埋在深约 30 ~ 60 厘米的泥炭层中，而泥炭的吸水防潮性能良好，再加上泥炭层的上面又有很厚的泥土覆盖，因此古莲子几乎处于一个密闭的环境中。在这样的环境中，古莲子不具有生根、发芽的条件，便得以长期保存。

叶子的奇异功能

俗话说：巧妇难为无米之炊。然而，在自然界里，确实有能做无米之炊的"巧媳妇"，它能够用水和空气里的二氧化碳为原料，借助阳光，制造出人们所需要的糖、淀粉、脂肪和蛋白质等营养物质。是谁会有这么大的本领呢？说起来大家都熟悉，它就是植物的绿叶。世界上如果没有这些"巧媳妇"制造出大量的粮食、蔬菜、水果和饲料，那人类根本就无法生存了。世界上绿色植物的叶子多种多样，千姿百态。叶子从外表看起来虽然千差万别，但是，只要太阳一照射到这些叶子上，它们都能够在阳光的作用下将从空气里吸收来的二氧化碳和根部送来的水分，合成为有机物质，这就是人们常说的植物的光合作用。

植物叶子大小不同，生长的位置也不一样，它们进行光合作用的效率也有高有低。如小麦的旗叶进行光合作用的效率就特别高，这已引起了不少科学家的注意。

旗叶就是小麦顶梢上最后长出来的那片叶子，它长在麦穗下边，风一吹，就像旗子一样迎风摆动，于是，人们把它称为"旗叶"。

小麦的一生中在主茎上先后长出的叶片一共有 19 片，其中以旗叶的寿命最短，从吐叶到枯死只有 44 天，比寿命最长的第三片叶的寿命短一半以上。旗叶的个子是最小的，可它制造出来的有机物质却是最多的，约占小麦一生积累下的有机物质的一半。它对于小麦的生长、成熟，可以说贡献是最大的。

为了揭开小麦旗叶光合作用效率特别高的秘密，科学工作者深入研究小麦叶肉细胞的结构，发现小麦的叶肉细胞形状是千姿百态的，有的像一个山楂果，有的像好几个山楂果串在一起那样，中间有几个细腰。还有一些细胞，个子很大，就像一串糖葫芦那样，中间有 10 多道环。小麦旗叶的叶子里，大多数细胞都像糖葫芦那样，个子比较大，而那种小个子的细胞很少。旗叶里的细胞个子比较大，数量比较少，这对于进行光合作用是有利的。因为细胞大，细胞之间的空隙也就大一点，这样水分和二氧化碳气体容易进入到细胞空隙里，有利于细胞吸收，而且在对光合作用时产生的有机物质进行运输时也占有优势，可以很快把营养送到小麦籽粒里去。这是旗叶光合作用效率高的原因之一。

另外，旗叶细胞里的叶绿体之中，光合膜要比一般叶片里的多 2 倍左右。光合膜多了，固定在膜上的那些酶也多，这样就有助于吸收太阳光，光合作用的效率也就特别高。

揭开小麦旗叶光合作用效率高的奥秘，对促进小麦增产有重要的作用。

奇妙的探矿植物

1934 年，当时的捷克斯洛伐克有两位科学家研究某地种植的玉米的化学成分时，发现把玉米烧成灰后，每吨灰中含有 10 克黄金，以后他们还在长那种玉米的地方找到了金矿。

现在人们已经知道，不同的植物指示不同的矿藏。例如，生长针茅的地方可能有镍矿，生长三色堇的地方可能有锌矿，生长海州香薷的地方可能有铜矿，生长灰毛紫志槐的地方可能有铅矿，生长喇叭花的地方可能有铀矿，生长羊栖菜的地方可能有硼矿，生长开蓝花的羽扇豆的地方可能有锰矿，生长紫云英的地方可能有硒矿……

这些植物人们叫它为"探矿植物"为什么这些植物会指示矿藏呢？

其实，道理并不复杂。正如人有各种性格一样，植物也有其各自不同的习性。这些探矿植物在生长过程中特别喜欢某种矿物，在某种矿物含量较丰富的地方，生长得也特别好。

此外，还有一种情况：有些植物在一般的土壤中可以生长得很好，但在含有某种矿物质较多的土壤中，或是不大适应，或是产生一种生理变化，改变了形状、颜色等。如在含硼较多的地方，猪毛草的枝叶膨大而扭曲，蒿会长得特别矮小；在铜含量多的地方，野玫瑰花朵呈蓝色；镍会使花瓣失去色泽；锰几乎会使所有的花儿变成红色……因此也可以利用植物的形态或颜色的变异情况来探矿。

人们不但利用植物寻找矿藏，而且还利用植物"开采"矿藏。

北美洲有个地方叫"有去无回"，因为这个山谷的地层和土壤中含有大量的硒，而人和牲畜如果食用含有大量硒元素的食物，就会中毒以致死亡。人们决定开采"有去无回"山谷里的硒矿，种植了大量紫云英。紫云英在这样的环境里生长得很快，一年可以收割好几次。人们把紫云英收割后，晒干烧成灰烬，再从灰烬中提取硒，据说每公顷紫云英可提取 2.5 千克硒，这真是一种"开采"矿藏的好办法。

植物地震预报员

　　地震，在目前可以说是自然灾害中比较大的一种。人们如果能够得到震前的预报，就可以减轻地震灾害造成的损失。如何预知地震已引起了有关科学家的重视，并被作为重大的科研课题来研究。

　　地震仪可以探测到地震预兆，并向人们发出地震预报。据研究发现，有些植物也具有预报地震的本领。如在印度尼西亚爪哇岛的一座火山的斜坡上，遍地生长着一种花，它能准确地预报火山爆发和地震的发生。人们观察发现，如果这种花开得不是时候，那就是告诉人们，这一地区将有大灾降临，不是将有火山爆发，就是又有地震发生。据说，其准确率高达90%以上，故这种花被人们称之为"地震花"。

　　日本东京女子大学岛山教授经过长期不断的观察研究，对合欢树进行了多年生物电位测定，经分析发现，合欢树能预测地震。如在 1978 年 6 月 10～11 日白天，合欢树发出了异常大的电流，特别是在 12 日上午 10 时左右观测到更大的电流后，下午 5 时 14 分，在宫城海域就发生了 7.4 级地震。1983 年 5 月 26 日中午，日本海中部发生了 7.7 级地震，在震前 20 小时，岛山教授就观测到合欢树的异常电流变化，并预先发出了警告。

　　在"植物王国"里，能够预报地震的植物还有对气候变化极为敏感的含羞草。在日本发生过一次强地震，地震前一天清晨，含羞草的小叶突然全部张开，到上午 10 时小叶全部闭合，临震前数小时在半夜零点，含羞草的小叶又突然全部张开，不久就发生了地震。

　　一些植物可以感知到地震，这已被科学家的研究所证实。那么，植物为什么能够感知到地震，它们又是怎样预先感知到地震信息的呢？据前苏联的一位教授观察，"地震花"开得不合时令，是因为火山爆发或地震出现的先兆——高频超声波而引起的。这种异常出现的超声波振动促使"地震花"的新陈代谢发生突变，于是花就开了，向人们发出了将有火山爆发或地震发生的预报。合欢花能在震前两天作出反应，这是由于它的根部能敏感地捕捉到震前的地球物候变化和磁场变化信息的缘故。

有些植物震前的异常变化可以提供地震预报信息，但对如何通过植物在震前发生的异常变化，比较准确地判断出地震发生的时间、地点，这还需要科学家们的进一步研究才能得知。

只有雄蕊的植物

很早很早以前，当大自然还没有使花朵变得很美以前，它只能把花朵作为一种很实用的东西。它没有费力去把叶子的边缘连成一个口袋来保护种子，它只是把叶子的中脉串起来，使叶子缩在一起。这就很好了，因为大自然很忙碌。松树等树木现在还是这样不加保护地对待自己的种子，而且许多其他植物也是这样。它们是大自然中喜欢古老风格的植物，它们不愿意改变自己延续了几百万年的传统。

这种现在还这样保护自己的种子的老式植物叫做裸子植物。这些种子光秃秃地暴露在光天化日之下，没有任何保护壳或荚，它们与栗子、豌豆或梨的种子不同。因为这个原因，花粉就不需要花柱的引导，它们也不需要捕捉花粉了，所以属于裸子类的植物就只有雌蕊和子房。我们沿着植物分类等级往下数，就会发现种子没有子房，没有木质外壳的植物。这样的种子叫做孢子，孢子看起来就像充满浆液的柔软绸袋，只是由于它们非常细小，我们无法看到它们的形状。

松树、柏树和落叶松的种子都是裸子，就是说，它们都把种子收藏在一个敞开的球果中，而不像大多数植物那样把种子收在绿色的荚或壳中，松球果中装满了扁平的种子，它们长着褐色的、像甲虫翅翼似的东西。松球果成熟的时候，种子就分裂出来，甲虫翅翼就帮助它们在空中飞翔。如果你能和松树"对话"，它们就会给你"讲出"许多这样的故事。

蕨类植物在叶子的背上保存自己的种子，它们的种子是孢子。也许你们看到过从蕨类植物成串的叶子上取下的长着斑斑锈迹的穗子，这种"锈迹"就是由大量的孢子壳组成的，每个壳都在自己的绸质口袋中装着一点绿色的胶汁。如果你能认识到，它现在还保持着蕨类植物生长的记忆，你就懂得它有多么神奇了，因为人们在火炉中燃烧的煤原来就是绿色的丛林，那时没有人类，甚至连最原始的人类都没有，整个地球只是一片辽阔荒凉的景色。

植物舞蹈家

葵花的向阳舞，睡莲花在夜幕降临前的闭合舞，含羞草不但在黑夜到来的时候会自动闭上羽状的叶子，就是在白天，只要你轻轻碰它一下，它的叶子也会很快闭合。触动它的力量大一些，连枝干都会下垂，就像一位含羞的少女一般。

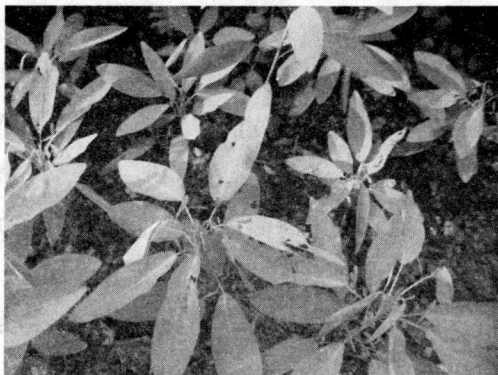

在这批植物舞蹈家中，最出色的莫过于电信草（舞草）和舞树了。电信草是生长在印度和斯里兰卡的一种植物，它的每一片大叶的旁边长着两片小叶。这两片小叶就像贪玩的孩子，从早到晚一刻不停地跳着舞，直到夜晚才安静下来。在我国西双版纳勐腊县尚勇乡附近的原始森林里，有一棵会跳舞的小树。在这棵小树旁边播放音乐，小树便会随着音乐的节奏摇曳摆动，翩翩起舞。更令人惊奇的是，如果播放的是轻音乐或抒情歌曲，小树的舞蹈动作便随着节奏变动；音乐越优美动听，小树的动作越婀娜多姿。如果播放的是雄壮的进行曲或嘈杂的音乐，小树反而不跳舞了。因此，当地群众给它取了个名字，叫"风流树"。

一种认为是植物体内微弱的生物电流的强度与方向变化所致；另一种认为是植物体内的生长素的转移，引起植物细胞的生长速度变化所致。随着研究的深入，植物学家的深入研究，这一奥秘是一定可以真相大白的。

千奇百怪的根

　　植物离开根系就无法生存，根的主要功能之一是呼吸，这是人们都了解的，但你知道，植物的根为什么又是千差万别的呢？

　　植物的根通常都是长在地下的，但有些植物根却不是长在地下。像印度、马来西亚和我国海南岛一些地方的有淤泥的海岸上生长的一种海桑树，树主干附近的地面上长有许多像竹笋状的根，它不向下而向上长着。这是为什么呢？因为这些地方海潮可以到达，涨潮时被淹没了大部分，所以，植物的根呼吸就比较困难。而海桑树生长出许多向上的根，在退潮时，靠这些根可以进行呼吸。这种根的顶端松软、有孔，里面有气道，有利于空气的流通和贮藏。这种根也属于气根的一种，它的主要功能是呼气，所以又叫"呼气根"。

植物根中有一种根叫"支柱根"。人们常见的有玉米的支柱根，就是在玉米主茎下部的地面节上环生出的几层不定根，它向下伸入土中，形成辅助根系。这种根长得结实粗壮，它的厚壁组织发达，可以起到协助稳固茎秆的作用。同时在入土后，它也能起到吸收作用。

这些根不管是向上长还是向下长，它们都是不离开地面土壤而各尽其职的。而有的植物根则离开了地面，能够爬墙爬树，墙壁再光滑它也能爬得上去，这种根在植物学上叫做"攀缘根"，像常春藤、爬山虎等植物都长有这种善爬的攀缘根。它生长在茎生叶的部位附近，形状像一小丛刷子。它在幼嫩时能分泌出一种胶水状物，根可以借此粘附在树木或墙壁上，胶水状物干燥后就使根在墙上粘得十分紧密。这些植物的茎就靠着这种根边粘边向上生长，可以爬上墙，爬上几层高的楼，把建筑物染成一片翠绿，所以，它成了人们搞垂直绿化（绿化庭院、房舍）的"好帮手"。

植物根中还有专靠吃现成饭的寄生根、板状根、带水壶的根、靠叶子供水的根、贮藏根等等，可谓形形色色，千奇百怪。这些根是由于植物长期适应特殊环境条件的结果，其根在形态、构造和功能上发生了变化，形成花样繁多的变态根，这些特性能遗传下来，便形成各种各样根的稳定的性态。

不同寻常的 "花"

　　植物学上，真正的花是由花梗、花托、花萼、雄蕊、雌蕊、花瓣等组成。花梗、花柄都是枝条的一部分；花托是花梗顶略为膨大的部分，它的节间极短，很多节密集在一起；花萼、花瓣、雄蕊、雌蕊都生在花托之上。

　　然而，有些花卉的 "花朵" 却与众不同（其实，称之为花朵是不准确的，甚至是错误的）。

　　菊花、大丽花等菊科花卉，人们所欣赏到的不是一朵花，而是花的集合体。这种集合体，植物学上称为 "花序"。菊花的花序是由许多无柄花依一定规律聚生在缩短的花轴上，形成头状，叫 "头状花序"；花序边缘的花如舌头状，叫 "舌状花"；花序中部形似圆筒的花，叫 "筒状花"。

　　鸡冠花，人们所说的 "花" 也就是它的花序，称为 "穗状花序"，整个花序顶生，形似鸡冠。鸡冠花有深紫、大红、黄、白等色。人们划分鸡冠花的品种，主要依据的是花序的形态，分为扫帚鸡冠、扇面鸡冠、缨络鸡冠。有趣的是还有同一花序上紫黄各半的鸳鸯鸡冠，以及中央有一特大花序而周围有许多小花序的百鸟朝凤等。

　　马蹄莲，人们所见的 "花心" 实际上是许多花长在其肥厚的花轴上，叫 "肉穗花序"，花序的上部长雄花，下部长雌花。花序外面有一漏斗状的大型苞片，呈白色或乳白色，叫 "佛焰花"，常被人们误认为是花瓣。所以，人们所见的马蹄莲的 "花" 实际上是由一个肉穗花序和一个佛焰花构成的。

　　一品红（又名 "象牙红"、"圣诞花"、"猩猩木"），多朵花形成花序，多数生于枝顶，真正花的花瓣已经退化，只剩下黄绿色的雌雄花，极不显眼。供人们观赏的一品红的 "花" 是它的苞片的变态，呈叶形，红色，轮状排列于茎顶，所以 "花" 茎很大，一般都在 20 厘米左右。

　　叶子花（又名"三角梅"），每3朵聚生于分枝顶，每朵花下各托一红色（或紫色）的叶状苞片，从远处望去，好像是由3个花瓣组成的花。事实上，真正的叶子花的花位于3片大苞片中，细小，黄绿色，常被人忽视。

　　鹤望兰（又名"极乐鸟花"），其花梗上总苞斜伸，整个花序像一只仙鹤的头，翘首远望，形态生动，所以名为"鹤望兰"。它真正的花在总苞里，次第开放，每朵花犹如一只美丽的小鸟，有橙黄色的双翅（花萼）、深蓝色的头颈（花瓣）、洁白的小嘴（柱头），故又被称为"极乐鸟花"。

　　总之，有些花朵，人们所欣赏的主要部分并不是其真正的花，而是花序、苞片、叶片等。

山珍之王蕨菜

蕨菜是其嫩芽可供食用的野生蕨类植物的统称。蕨菜由于具有特殊的清香味道，很少受到污染，可作为美味蔬菜，是我国北方重要的外贸土产商品，在国内外享有"山珍之王"的美称。

早在我国周朝初年，就有伯夷、叔齐二人采蕨于首阳山（今陕西省西安西南）下，以蕨为食的记载。可供食用的蕨类较多，如蕨属、荚果蕨属、蹄盖蕨属和莲座蕨目的很多种类。采来的蕨菜幼叶在食前须先用米泔水或清水浸泡数日，除去有毒成分。蕨菜可炒食、做菜汤、沙拉或干制成蔬菜。

著名的蕨菜有山蕨菜、薇菜、黄瓜香、猴腿等。山蕨菜是蕨的变种，又名龙头菜，全国各地都有生长。春季采集嫩卷叶，可洗净盐渍。薇菜是紫萁属植物，又叫分枝紫萁，可在春季采幼嫩卷叶，水煮一下，再用清水浸泡片刻，捞出晒成半干，再用手揉搓。炒菜有苦香风味。黄瓜香是球子蕨科的荚果蕨，生长于潮湿疏林下或河流两岸，春末夏初当嫩叶长到13～15厘米时采摘，将嫩叶的褐色鳞片抸去，然后用盐渍或用水煮一下捞出晒干。炒菜嫩脆具黄瓜香味。猴腿又叫多齿蹄盖蕨，产于东北、华北山沟或林下阴湿处。春季采嫩叶，水煮一下晒干，去掉鳞毛，也可用盐渍。

我国的蕨菜资源丰富，是有待进一步开发利用的宝贵财富。如出口一吨薇菜干在价格上相当于出口40吨大豆。在开发的同时，一定注意做好资源的保护工作，不能采取见芽就采光的办法。

中草药之王甘草

在中药里甘草可以说是应用最广的一味药了，例如在《伤寒论》的 110 个处方中就有 74 个处方用了"甘草"。我国明代李时珍的巨著《本草纲目》说："诸药中甘草为君。治 72 种乳石毒，解 1200 般草木毒，调和众药有功"，因此难怪人们赞誉甘草是"中药之王"了。

甘草是豆科植物，生于干燥草原及向阳山坡，分布于我国西南、西北至东北部，为多年生半灌木状草本。根和根状茎粗壮，皮红棕色，羽状复叶，花序腋生，花冠蓝紫色。荚果镰刀状弯曲，整个植株密生短毛和刺毛状腺体。

甘草的根含有甘草甜素和多种其他药用成分。甘草甜素易溶于水，比蔗糖要甜 50 倍，即使在 1/2000 的水溶液中仍有甜味。学者发现甘草的药理作用是极其丰富多彩的，它不但有较强的解毒作用，还有抗溃疡、抗炎症、镇痉镇咳、降血压、降血脂、抗癌作用等等。

甘草不仅是著名中药，而且在糖果、卷烟、医药和啤酒制造工业中可作为调味剂。在蜜饯果品中，如甘草橄榄、甘草梅子、甘草瓜子等也都要用到甘草。

长寿叶

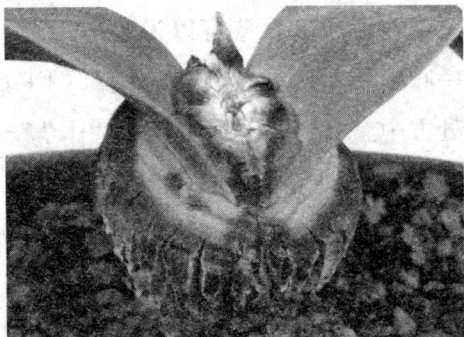

几百年以前，一位名叫乔治的欧洲探险家来到非洲西南部沿海一个叫鲸湾的地方。他在鲸湾附近的纳米布沙漠见到了一片极为荒凉的景色：眼前一片黄沙和碎石，一点绿意也没有。乔治感到十分失望，正准备返回去，忽然，他的眼睛一亮，发现沙地上居然有几只"大萝卜"！

那"萝卜"生长在宽而浅的谷地中，茎粗一米左右，高仅 20～30 厘米，顶部像个大木盆。"木盆"边缘是两片厚厚的带状叶，宽约 30 厘米，长 2～3 米，弯弯地垂身两侧。"萝卜"的生长虽然缓慢，但却可以连续生长 100 年以上。因此，被人称作"百岁兰"。

冬去春来，百岁兰的茎年年在加粗，到了开花季节，茎的顶部呈现出鲜红色的穗状花序。这种花主要靠风力传粉，种子则生有"翅膀"，凭借着大风，飞到别处生根发芽。

终生生活在纳米布沙漠上的百岁兰，不仅不怕干旱，而且还能长出巨大的叶子，这是为什么呢？原来，百岁兰的根扎得很深，能吸到地下水。纳米布沙漠濒临大海，来自海上的雾气落在百岁兰的叶子上也能成为露水滋润植株。

最粗的植物

相传，古时有一位名叫亚妮的王后，一次兴致勃勃地到地中海中的西西里岛游玩。当她带了一队人马来到埃特纳火山附近的时候，天上忽然下起了滂沱大雨。

随从们抬头四望，见四周并无地方可以躲雨，心里不由犯了愁。正在这时，他们发现了坡前一棵高大无比的栗树。那栗树浓阴似伞，遮住了好大一块地面。王后及其100名随从走了进去，却丝毫不觉拥挤。栗树为100余人挡住了风雨，因而被王后亲切地称为"百骑大栗树"。

"百骑大栗树"到底有多粗呢？经过实地测量，它的直径有17.5米，周长有55米。北美的巨杉和非洲的猴面包树可算是世界级的粗树了，但巨杉的直径最粗的也不过12米左右，猴面包树呢，也仅仅10米左右粗。

除了可供游客观瞻以外，"百骑大栗树"的经济价值极为珍贵。它的坚果含有大量的淀粉、糖、脂肪和蛋白质，既可炒食，又可加工成罐头。产量高，质量也好，很受当地人的欢迎。

如今，这棵"百骑大栗树"虽然经历了沧桑磨难，但仍然郁郁葱葱，生机勃勃，每年开花结果时，都能引来大批采栗子的人。

最长的植物

20 世纪 20 年代，一位植物学家深入我国云南地区的原始森林。在那里，他看到了一幅前所未见的景象：一个个藤圈密密匝匝地绕在树木之间，像是有一只看不见的手在玩着莫名其妙的游戏！

植物学家想：这地方人迹罕至，是谁有那么好的兴致绕出那么多的藤圈？

他走近仔细观察，这才知道造成藤圈奇观的不是别人，正是大自然本身。

原来，这种藤条叫白藤，属棕榈科，茎只有 4、5 厘米粗，但长度却达 200～300 米，有的甚至达 400～500 米，堪称世界之最。

白藤十分纤细，它们又是怎样爬上树梢的呢？奥秘就在于白藤的浑身上下都长满小刺。风吹着细细的白藤在林间晃晃悠悠，一旦碰到了大树，倒长的钩刺就紧紧扎住不放。以后，白藤就一边爬，一边长出新的钩刺刺进大树表皮。它爬呀爬呀，待白藤爬到树梢尽头，它就折转身子向下爬，接近地面时又翻转身子，如此循环往复，便形成了天然的藤圈。

白藤生活在密林之中，只有顶端才可能接近阳光，所以，它的茎干下部全是光秃秃的。

我国的广西、广东、福建、云南等地都盛产白藤，它的茎干又软又韧，可以做藤椅、藤榻和藤篮等藤制品。在医学上，白藤还具有解毒的功能，它的全株都可以入药。

最大的花

1818 年 5 月 20 日，英国探险家莱佛士当时正在印度尼西亚苏门答腊岛的丛林里考察。忽然，他闻到了一种难闻的臭气。循着臭味一路寻去，莱佛士发现，臭气是由一种巨大无比的花朵散发出来的。它的直径达到 1 米，中央长着一个口小肚大的"坛子"，6 片肉质的花瓣从"坛口"的边缘伸出。这些花瓣颜色呈暗红色，上面缀有白斑。莱佛士将这怪花称作大花草。以后，人们便将莱佛士这一姓氏作为大花草的学名。

如今，科学家们已经弄清楚了，大花草是靠寄生生活的植物，它既无根，又无叶，也无茎，而仅仅将花茎寄生在白粉藤的身上。初时，只能看到寄生部位的开裂，后来便可见到一个小包。以后，小包慢慢长大，9 个月后竟变成一朵大的"卷心菜"。突然有一天，"卷心菜"开放了，它紧紧包裹着的"叶子"向空中舒展开来，散发出一种如同腐肉发出的臭气，招引了许多苍蝇和甲虫前来吮吸花蜜。

数天以后，大花草的花瓣颜色开始变暗、变黑，最后便变成一堆"稀泥"。然而，正是这堆"稀泥"又孕育着未来的花中之王。

植物学家告诉我们，大花草的重量虽然可达 10 多千克，但种子却出奇的轻。这些种子常常黏附在大象的脚底，到各地去安家落户。

大花草一共有 12 种，它们全都生活在南亚一带的热带雨林中。由于环境的变化，它们的生存正受到越来越严重的威胁。

植物的活化石——水杉

　　水杉枝繁叶茂，树姿优美。春来嫩绿，夏至青葱，入秋变黄，临冬转红而叶色多变，因其"前无古人"被誉为植物的"活化石"，成为深受人们喜爱的名贵树种。

　　水杉为松科落叶乔木，其树身高大挺拔，树高可达40余米，枝条层层舒展，形如宝塔。水杉生长迅速，每年可长高 0.3～0.8 米，生长 10 年树高可达 10 米，20 年即可成材。水杉适应性强，遍布欧、亚、美洲，北到阿拉斯加，南到赤道以南的爪哇，都可见到它的身影。

　　水杉为何被称为植物的"活化石"呢？这要从它的身世说起。在几十万年以前，地球上广大区域里，都生长有繁茂的水杉类植物。后来，由于北半球北部冰川的影响，水杉类植物遭受严寒而基本灭绝了。近代，人们只在它生长的地层中发现约 10 种水杉化石。人们一直都以为水杉这种植物已经灭绝。一直到 20 世纪 40 年代，我国科学家在四川万县、湖北利川市首次发现活的水杉植株，其中，"天下第一"的水杉王就生长在湖北省利川市的谋道乡，当然，该市的小河乡也是水杉树的聚居地之一。这一发现立即震动了世界科学界，这种水杉树便被誉为"活化石"。1975 年，国务院把水杉列为我国一类珍贵树种。

　　为什么能在我国发现活的水杉呢？据研究发现，我国处于较低纬度，冰川时期大部分地区并未被冰川所覆盖，与欧美大陆冰川地区有较大区别。冰川的活动范围较小，整个地势略呈突起向南倾斜的马蹄形盆地，成为了植物的避难所。许多植物在这种特殊地貌的环境中被保留下来，水杉就是其中之一。

　　现在，我国已采取了一系列的措施保护水杉，使它能更好地生长、繁衍。同时，水杉的聚居地也引来了众多的外国友人，水杉树被远播到他乡列国。

"东方珍珠" 板栗

板栗是我国特产，它是一种优良的干果树种。我国板栗具有四大特点：历史悠久，分布范围广，产量多，质量好。这些方面均属世界领先地位。

板栗，通称栗子，属壳斗科，落叶大乔木，树高达 20 米，胸径 1 米以上。栽培后，一般 5 ~ 7 年即开花结果，15 年进入盛果期，经济寿命为 50 ~ 80 年，少数 200 多年的老龄树仍结果累累。山东省沂水县有一颗树龄 300 年的大板栗，年产板栗 200 多千克。板栗同枣、核桃、柿子等一样，都是一年种多年收的"铁杆庄稼"。

板栗在我国分布很广，地跨温带、亚热带和热带，以黄河流域和长江流域各省为集中栽培区。全国有板栗林面积 25 万多公顷，年产板栗约 1000 多万千克。主产区为河北、北京、山东。

板栗果实营养丰富，含蛋白质 10.7%，脂肪 7.4%，糖 10% ~ 20%，淀粉 60%，以及少量维生素和脂肪酶等。可生食、熟食、炒食，做菜食，还可制作各种精美糕点，自古以来被视为上等食品。

北方栗子特别是河北迁西的栗子，肉质细腻甜香，驰名中外，为传统的出口果品，在国际市场上称为"中国甘栗"，在日本享有"东方珍珠"的声誉。

板栗木是很好的经济用材，材质坚硬、抗湿、耐腐，是做枕木、桥梁、车船、建筑、家具和雕刻的优良用材。树皮、壳斗、嫩枝、木材髓部均含有鞣质和单宁，可提取拷胶。树皮、栗花、果壳、树根均可入药，能治疗喉疾、火霉、瘰疬、赤白痢疾等疾病。栗花又是蜜源植物。板栗树也是很好的绿化树种，多种植板栗，既有利于国土绿化，又能增加农民收入，利国利民，一举多利。

万能杉木

杉木，属杉科，常绿大乔木，树高可达 30～40 米，胸径 3 米多，树冠尖塔形，树干通直圆满。杉木在我国分布很广，栽培区域达 16 个省区。

杉木原产于我国，是我国特有的主要用材树种，也是最古老的孑遗树之一。远在周代就有记载，《尔雅·释木》篇中称杉木为"煔"。我国栽培杉木，至少也有 1600 年的历史。晋代咸和四年（公元 329 年），陶侃任长沙太尉时，曾种杉于岳麓山，人称"杉庵"。直到清咸丰二年（公元 1852 年），太平军攻打长沙，杉庵在战火中被毁。照此推算，陶侃种植的杉树存活了 1500 年。

杉木是速生丰产树种和长寿巨大树种，中心产区 8 年即可成材。20 年生的杉树，每年胸径增加 1 厘米、增高 1 米。贵州省习水县西南 8 千米的东皇镇太平村下坝有株罕见的巨杉，树高 44.66 米，胸径 2.5 米，胸围 7.85 米，树冠幅宽达 22.66 米，主干材积达 48 立方米。经国内专家多次观察认定，习水太平巨杉是我国现存杉树中最为高大的一棵，被认定为全国"巨杉之冠"，取名为"中国杉王"。

杉木的用途很广，被誉为"万能之木"。杉木多用作各种建筑、造船和车辆材料。我国历代帝王建造宫殿、陵寝等，都要用杉木作为栋梁之材。北京城内不少金碧辉煌的古建筑，都是采用杉木建造的。

杉木纹理通直，结构均匀，不翘不裂，内含"杉脑"，气味芳香，防腐、抗虫、耐水浸，早在汉代就被作为棺椁的上等用材。1972 年，长沙马王堆一号汉墓出土的棺椁板，用的就是杉木，历经 2000 多年而不腐，并且有效地保护了尸体。

"虚心守节"的翠竹

我国乃物华天宝之国，在长城以南的大半壁疆土上，到处都有翠竹分布。竹类资源之丰富和使用竹子的历史之悠久，均居世界首位。

全世界有竹类50属，我国就占有30属300多个品种。各类竹林面积近330多万公顷，其中产量多、经济价值大的毛竹有230多万公顷，占全部竹类总面积的70%左右。毛竹是竹类中的"巨人"，一般高10～15米，胸径10～16厘米，最高的可达20米以上，胸径超过20厘米。

竹子是多属性植物，它具有以下特性：

（1）适应性强。山地、平川、沟谷、河畔、庭院、公园都能够"安家落户"。

（2）守节不变。竹子出笋时多少节，长成大竹还是多少节。

（3）生长快。竹笋一经出土，拔地而起。在一般情况下，两三个月可长成大竹，三四年即可成材。

（4）繁殖力强。竹子栽培后，子而孙，孙而子，几年即形成大片竹林。

（5）用途广。我国人民使用竹子可追溯到史前时期。从古至今，在生产和生活领域里，竹子得到最广泛的应用。宋代大诗人苏东坡描述岭南人："食者竹笋，庇者竹瓦，载者竹筏，爨（音 cuàn）者竹薪，衣者竹皮，书者竹纸，履者竹鞋，真可谓不可一日无此君也。"

竹子形态优美，婀娜多姿，经霜雪而不凋，历四时而常青翠，是森林中的闺秀，自古以来为人们所喜爱。

古老的珍稀树种珙桐

珙桐别名水梨子，落叶乔木，树高可达 20 多米，是距今 6000 万年前新生代第三纪古热带植物的孑遗树种，为我国所特有。珙桐分布在四川、湖北、湖南、广东、广西、贵州、云南等省区的深山区，它同水杉、银杏、银杉等古老树种一样，被誉为植物"活化石"，列为我国一类保护树种。

珙桐多生长在海拔 1600～2000 米左右的森林中，有散生的，也有成片分布的。四川卧龙自然保护区内，就有一片 600～700 公顷的珙桐原始林。珙桐树形端正，树干通直，茂密的枝杈向上斜生，好似一个巨大的"鸽笼"。每年四五月间开白花，花由一簇簇雄花和一朵两性花组成近似于球形的头状花序，花色紫红，像鸽子头；花序生长在嫩枝的顶端，花没有花萼和花瓣。花序有总花梗，其上长有 2～3 枚大型乳白色的苞片，看上去整个花序被乳白色的苞片所遮蔽，像伸展着的鸽翅。当山风吹来时，"鸽笼"摇荡，"群鸽"在"鸽笼"里随风摇摆，酷似翩翩欲飞的白鸽，故有"鸽子树"之称。

在湖北省秭归（今兴山县）王昭君故里，至今还流传着鸽子传书的动人故事。相传王昭君和亲出塞后，带去了一群白鸽，她常怀思乡之情，每逢年节都要朝南三拜，并派白鸽传递家书。有一年春天，一群白鸽衔着家书，搏风雨、穿云雾，飞过九十九道河，翻越九十九座山，飞回昭君故里万朝山下。因山高路远，群鸽极度疲乏，栖息于珙桐树上，一瞬间，变成一朵朵大而美的鸽子花。从此，每年春末夏初，"鸽子树"开花，代昭君向故里的父老乡亲们问好。

我国已将珙桐列为一级保护植物，在湖北、湖南等地的林业科技工作者的努力下，已经成功培育出新的珙桐树苗，不但在国内种植，而且还像白鸽一样，带着中国人民的深情厚谊，漂洋过海，飞到世界五大洲去安家落户。

绿色医院

有病到医院里去求医治疗，这是人所皆知的事。可你知道绿色的森林也能治疗某些疾病吗？这就是目前在国外比较盛行的一种"绿色疗法"。

森林中的绿色植物在进行光合作用时，能吸收二氧化碳，放出氧气，满足人类的需要，使大气中的碳氧循环保持平衡，而且还能吸收环境中的有毒气体，杀死空气中的细菌，有利于人类的健康。据科学家测定：1 万平方米的树木每天可吸收 1 吨的二氧化碳，放出 730 千克的氧气。如果有 10 平方米的树，就可以把一个人呼出的二氧化碳全部吸收掉。树木还可以吸收有毒气体，

每 1 万平方米的垂柳在生长季节，每天可吸收 10 千克二氧化硫；1 万平方米刺槐，每天可吸收氯气 40 千克；加拿大杨、桂香柳等树还能吸收醛、酮、醇、醚和致癌物质安息毗琳等毒气；松树、榆树、桧柏等树木能分泌出一种挥发性的植物杀菌素，可以杀死空气中的细菌。据研究，1 万平方米松柏林，1 天能分泌出 60 千克杀菌素，故有"天然防疫站"之称。

森林同时会产生一种对人体极为有益的带电负离子。负离子具有调节神经系统和改进血液循环的功能，可以镇咳、止痉、镇痛、镇静、制汗和利尿，所以人们把它誉为空气中的"维生素"。如果有烧伤病人在做过手术后到林区里呼吸负离子空气，就可以加速伤口的愈合。患有气喘病、流感、高血压、风湿性关节炎、神经性皮炎等疾病的人，到林区里进行疗养，可以收到比吃药、打针还要好的效果。

森林中的树木分泌出的一种植物杀菌素，可以杀死结核、伤寒、痢疾、霍乱、白喉等病菌，所以，森林可以作为治疗结核病和肺气肿病的"医院"。病人在这里只要每天清晨和傍晚到林中呼吸 1 ~ 2 个小时带有杀菌素的空气，就可以起到治疗的作用，坚持数月，病情会大有好转以至痊愈。

这种"绿色医院"具有不需要设备、成本低、疗效好、没有副作用等优点，所以这种疗法在欧美和日本一些国家被采用后，很受人们的欢迎。

绿色吸尘器

粉尘有害人体健康，这是大家都知道的，但是，你知道社会发展到今天空气中的粉尘之多，危害之大吗？你又知道那神奇的"吸尘器"是什么吗？

在古代，空气中的粉尘主要是来自地面上的细小尘土。到了工业不断发展的今天，在空气中的粉尘，除了尘土之外，更多的是各种各样的金属和矿物质的微小颗粒。特别是工业使用煤和石油燃料在燃烧时放出的烟尘，卷入到空气中的数量大得惊人。据测试，每燃烧 1 吨煤至少有 3 千克粉尘上天，多的可达 11 千克。这些粉尘中只有 10% 比较大的颗粒沉降到地面，而有 3% 的小颗粒在空中飘游。如果发生一次大的火山爆发，就会有 1 亿立方米的细小颗粒喷出。据载，全世界每年大约向空中排放 1 亿多吨烟尘，1500 万吨二氧化硫。全世界每年因发生火灾而使约 66.7 公顷的森林被烧毁。燃烧 100 千克干柴，排入大气中的粉尘约为 2 千克，那么，约 66.7 公顷的森林火灾，就有 5 亿吨粉尘进入大气中。

这些粉尘在空中分布也不均匀。一些工业集中的城市，空气中的粉尘可多达 30 ~ 40 种，每年光是沉落地面的粉尘，在每平方千米的面积内就有 500 ~ 1000 吨，多的地方可达 5000 吨。如果把大气中飘游的粉尘平铺在地球表面上，厚度约达 0.5 厘米。飘游在空气中的这些粉尘，多是对人体有害的。如果空气中飘游的粉尘的浓度达到每立方米含 100 微克的时候，儿童呼吸道受感染的人数就会显著增加；含 200 微克的时候，慢性呼吸道疾病的死亡率就会显著增高；含 300 微克时，呼吸道疾病和心脏病死亡者就会突增。这些粉尘同其他有毒气体混合一起，在阳光照射下，能形成毒性很强的光化学烟雾，容易引起各种癌症，直接危害人的生命。如何控制这些有害人体健康的粉尘对环境的污染，方法有很多，而大量植树造林则是一种重要的措施。

据研究人员测试，约 0.2 公顷杉树林，每年可阻留粉尘 22 吨；约 0.2 公顷松树林，每年可以阻留粉尘 26 吨。在城市里，绿化的地方比不栽树的地方粉尘降落量要少 23% ~25%，空中飘尘量要少 37% ~60%。就连树木在落叶的冬天，其枝干也能使空中的粉尘降低 18% 以上。树木和其他一切绿色植物所以有吸尘能力，主要在于它们有着庞大的表面积。约 0.2 公顷正常生长的草地，它的叶片和茎表面，可达占地面积的 22 ~38 倍；一株生长多年的松树，它的针叶连接起来，约有 200 千米长，加上树的枝干表面，总面积在 900 平方米以上；0.2 公顷生长繁茂的阔叶树林，仅叶面积就有占地面积的 75 ~80 倍。树木等绿色植物同空间有着这样大的接触，就好像一张张的嘴巴，伸向空中，把粉尘吸了进去。

树木吸收粉尘的第二个绝技是"抓俘虏"。粉尘在空中飘游需要借助风的力量。粉尘颗粒的大小不同，所需要的风力也不一样。如直径 0.03 毫米的粉尘移动时，所需要的风速是每秒 0.25 米，而直径 1 毫米以上的粉尘移动时，则需要每秒 11 米以上的风速。没有相应的风力，粉尘是无法飘游的。树木有降低风速的"魔力"，当粉尘经过树木时，突然失去飘游的动力，只好被迫降落，于是便成为了树木的"俘虏"。

绿色植物吸收粉尘的第三个绝技是它有特殊的捕捉粉尘的工具。这种工具就是它那叶面上许许多多的绒毛和大量的黏液，多数树叶的叶面，每平方厘米的面积长有绒毛约 1000 ~2000 根，分布的粘液有 0.1 ~0.2 毫克，只要粉尘落上就别想逃走。它虽不能把粉尘吞下吃掉，但可以把大量粉尘收集起来，待下雨时借助雨水把粉尘送到地面。粉尘落入林内，如同掉进了万丈深渊，再也不能回到空中到处飘游，污染环境。

每时每刻，绿色植物都在默默地过滤着空气中的粉尘，净化着人类的生存环境，故被称为"绿色吸尘器"。